創始發明

四大發明與歷史價值

鐘雙德 編著

U0078253

崧燁文化

目錄

強大戰神 黑火藥

序 言 創始發明

文化是民族的血脈，是人民的精神家園。

文化是立國之根，最終體現在文化的發展繁榮。博大精深的中華優秀傳統文化是我們在世界文化激盪中站穩腳跟的根基。中華文化源遠流長，積澱著中華民族最深層的精神追求，代表著中華民族獨特的精神標識，為中華民族生生不息、發展壯大提供了豐厚滋養。我們要認識中華文化的獨特創造、價值理念、鮮明特色，增強文化自信和價值自信。

面對世界各國形形色色的文化現象，面對各種眼花繚亂的現代傳媒，要堅持文化自信，古為今用、洋為中用、推陳出新，有鑑別地加以對待，有揚棄地予以繼承，傳承和昇華中華優秀傳統文化，增強國家文化軟實力。

浩浩歷史長河，熊熊文明薪火，中華文化源遠流長，滾滾黃河、滔滔長江，是最直接源頭，這兩大文化浪濤經過千百年沖刷洗禮和不斷交流、融合以及沉澱，最終形成了求同存異、兼收並蓄的輝煌燦爛的中華文明，也是世界上唯一綿延不絕而從沒中斷的古老文化，並始終充滿了生機與活力。

中華文化曾是東方文化搖籃，也是推動世界文明不斷前行的動力之一。早在五百年前，中華文化的四大發明催生了歐洲文藝復興運動和地理大發現。中國四大發明先後傳到西方，對於促進西方工業社會發展和形成，曾造成了重要作用。

中華文化的力量，已經深深熔鑄到我們的生命力、創造力和凝聚力中，是我們民族的基因。中華民族的精神，也已

序 言 創始發明

深深植根於綿延數千年的優秀文化傳統之中，是我們的精神家園。

總之，中華文化博大精深，是中華各族人民五千年來創造、傳承下來的物質文明和精神文明的總和，其內容包羅萬象，浩若星漢，具有很強文化縱深，蘊含豐富寶藏。我們要實現中華文化偉大復興，首先要站在傳統文化前沿，薪火相傳，一脈相承，弘揚和發展五千年來優秀的、光明的、先進的、科學的、文明的和自豪的文化現象，融合古今中外一切文化精華，構建具有中華文化特色的現代民族文化，向世界和未來展示中華民族的文化力量、文化價值、文化形態與文化風采。

為此，在有關專家指導下，我們收集整理了大量古今資料和最新研究成果，特別編撰了本套大型書系。主要包括獨具特色的語言文字、浩如煙海的文化典籍、名揚世界的科技工藝、異彩紛呈的文學藝術、充滿智慧的中國哲學、完備而深刻的倫理道德、古風古韻的建築遺存、深具內涵的自然名勝、悠久傳承的歷史文明，還有各具特色又相互交融的地域文化和民族文化等，充分顯示了中華民族厚重文化底蘊和強大民族凝聚力，具有極強系統性、廣博性和規模性。

本套書系的特點是全景展現，縱橫捭闔，內容採取講故事的方式進行敘述，語言通俗，明白曉暢，圖文並茂，形象直觀，古風古韻，格調高雅，具有很強的可讀性、欣賞性、知識性和延伸性，能夠讓廣大讀者全面觸摸和感受中華文化的豐富內涵。

肖東發

文明之母 造紙術

有了文字之後，最重要的就是要有一個很好的載體。在造紙術發明以前，甲骨、竹簡和絹帛是中國古代用來供書寫的材料。

西漢時期，輕便廉價的書寫工具紙被發明出來了。紙是中國古代的四大發明之一，與指南針、火藥、印刷術一起，給中國古代文化的繁榮提供了物質技術基礎。

造紙是一項重要的化學工藝，紙的發明是中國在人類文化的傳播和發展上所作出的一項十分寶貴的貢獻，是中國的一項重大的成就，對人類文明也產生了重要的影響，被譽為「人類文明之母」。

▌中國最早的紙張

■漢代紙張

　　中國最早的紙在考古發掘中已有發現，表明早期造紙術源於生產實踐。如發現有植物纖維紙，絲綿做成的薄紙，還有透過蠶絲加工時的漂絮法得到的絲片等。

　　早期紙原料及製作方法是中國古代造紙術的重要開端，影響深遠，標誌著中國造紙技術走向成熟。

　　紙的出現促進了各民族之間的文化交流，是長期經驗的積累和智慧的結晶。

　　在西漢末年，趙飛燕姐妹兩人都被召入了後宮，得到了漢成帝劉驁的寵幸，一個當了皇后，一個當了昭儀。宮中有個女官叫曹偉能，生了一個孩子，按說應該是皇子。

　　趙昭儀知道了，就派人把偉能的孩子扔掉了，並把偉能監禁了起來，還給她一個綠色的小匣子，裡面是用「赫蹏」包著的兩粒毒藥，就這樣，偉能被逼服毒而死。這張包著藥

還寫上字的「赫蹄」，東漢時期著作家應邵解釋說，它是一種用絲綿做成的薄紙。

原來在西漢時代，中國已經能製作絲綿了。製作絲綿的方法是把蠶繭煮過以後，放在竹蓆之上，再把竹蓆浸在河水裡，將絲綿沖洗打爛。絲綿做成以後，從蓆子上拿下來，蓆子上常常還殘留著一層絲綿。

等蓆子曬乾了，這層絲綿就變成了一張張薄薄的絲綿片，剝下來就可以在上面寫字了。這種薄片就是「赫蹄」，也就是絲綿紙。

後來，在陝西西安東郊灞橋磚瓦廠附近發現了一座西漢古墓，墓中發現了數張包裹著銅鏡的暗黃色纖維狀殘片。考古工作者細心地把黏附在銅鏡上的紙剝下來，大大小小共有八十多片，其中最大的一片長寬各約〇點一米。

後來經過化驗分析，原料主要是大麻，摻有少量苧麻。在顯微鏡下觀察，紙中纖維長度一毫米左右，絕大部分纖維做不規則的異向排列，有明顯被切斷、打潰的帚化纖維。這說明古人在製造過程中經歷過被切斷、蒸煮、舂搗及抄造等處理。

根據這一發現，考古學家認定，這就是西漢時期麻類纖維紙，並將其命名為「灞橋紙」。灞橋紙色暗黃，後陳列在陝西歷史博物館。

灞橋紙雖然質地還比較粗糙，表面也不夠平滑，但無疑是最早的以植物纖維為原料的紙。這是迄今所見最早的紙片，

創始發明：四大發明與歷史價值
文明之母 造紙術

它說明中國古代的造紙術，至少可以上溯至西元前一至二世紀。這一發現，在世界文化史上具有重大的意義。

灞橋紙發現後，後來又有了新的發現。在陝西扶風中顏村發現了一個殘破的陶罐，裡面有一些銅器，後透過清理，發現陶罐裡裝的都是些西漢時期做裝飾的銅飾件，還有一些西漢時期通用的銅錢。

在清理過程中發現，有三個與一個銅飾件鏽在一起的東西。其中鏽在一起的銅錢，沒想到裡面的東西是一團黃顏色的紙狀物，展開以後，共有三塊。

這些紙狀物是做什麼用的呢？原來，銅飾件分底座和蓋子兩部分，而蓋口並不平，將紙狀物塞入其中便可使蓋子平整地蓋在上面。也正是由於銅飾件兩部分的密封，才使得紙狀物得到了很好保護，從而完好地保存了下來。

後經鑒定，這幾塊紙狀物完全符合紙的特徵，是名副其實的紙。後經過斷代研究，發現出土的銅飾件都是西漢時期以前非常流行的裝飾物，而西漢時期以後卻使用得很少，而這些銅錢也是在西漢時流通的。

更為重要的是，裝這些東西的陶罐也是西漢時期的，如果這些文物是後人裝進去的，不可能找來一個西漢時期的陶罐來裝。如果確定這些文物是從西漢時期保存下來的，那麼被密封在銅蓋裡的紙肯定也是西漢時期的紙。

透過初步判定，這些紙是西漢早期的紙。雖然這些紙與現代紙相比顯得比較粗糙，但是它比灞橋紙無論從工藝水平和製作質量來看，要成熟得多，已經非常接近現代生產的紙

了。後來將從扶風出土的古紙依據出土的地名，定名為「中顏紙」。

後經鑒定，這幾張紙是西漢時期漢玄帝和漢平帝之間的物品。由於紙是作為襯墊物在鏽死的銅飾件裡面發現的，隔絕了外部環境的破壞，具備了長期保存下來的條件。

這次的發現學界普遍認為，關於造紙術的發明時間可以從後來蔡倫造紙向前推進一百年至三百年。事實上，如果從紙的原料上考察，中國造紙的歷史更為久遠。

那是在上古時代，我們的祖先主要依靠結繩記事，以後漸漸發明了文字，開始用甲骨來作為書寫材料。後來又發現和利用竹片和木片作為書寫材料。但由於竹木太笨重，書寫材料又有了新的發現。

中國是最早養蠶織絲的國家。從遠古以來，中國人民就已經懂得養蠶和繅絲了。

古人以上等蠶繭抽絲織綢，剩下的惡繭和病繭等則用漂絮法製取絲綿。

漂絮完畢，篾席上會遺留一些殘絮。當漂絮的次數多了，篾席上的殘絮便積成一層纖維薄片，經晾乾之後剝離下來就可用於書寫了。

這種處理次繭的方法稱為漂絮法，操作時的基本要點是反覆捶打，以搗碎蠶衣。這表明了中國造紙術的起源同絲絮有著深刻的淵源關係。這一技術後來發展成為了造紙中的打漿。

創始發明：四大發明與歷史價值
文明之母 造紙術

　　特別是在西漢初年，政治穩定，思想文化十分活躍，對傳播工具的需求十分旺盛，除了絲綿紙外，麻類植物纖維造紙作為新的書寫材料了應運而生。

　　對於西漢時的麻類植物纖維紙，後來北宋時期的官員蘇易簡在所著的《紙譜》中說道：

　　蜀人以麻，閩人以嫩竹，北人以桑皮，剡溪以藤，海人以苔，浙人以麥麵稻稈，吳人以繭、楚人以楮為紙。

　　當時人工造紙，先取質量柔韌的植物類纖維，煮沸搗爛，和成黏液做成薄膜，稍乾後用重物壓之即成。

　　此外，中國古代還用石灰水或草木灰水為絲麻脫膠，這種技術給造紙中為植物纖維脫膠以啟示。紙張就是借助這些技術發展起來的。

閱讀連結

　　中國古代字畫的物質載體大體上經歷了陶土、甲骨、金石、竹木、縑帛、紙張幾個階段。每一種載體的材料和形式變化，其中影響至今的西漢時期紙張有兩千多年歷史。

　　漢代是中國書畫用具發展史上具有標誌性意義的時期，因為筆、墨、硯等書畫用具雖然起源於先秦時期，但至漢代時期才由於紙的發明，開啟了中國書畫載體的轉變之路，從而導致這些書畫用具開始朝著適應紙質的技術方面改進，並形成了以「文房四寶」為核心的書畫用具體系，影響至今。

蔡倫改進造紙術

■蔡倫雕像

　　在古代，人們書寫多用竹和帛。由於簡牘笨重，縑帛昂貴，不適合老百姓用來記載文字，於是，人們就一直在尋找新的書寫材料。

　　東漢時期的蔡倫用樹皮、廢麻、破布和舊漁網等原料製造出了一批紙，人們稱為「蔡侯紙」。蔡侯紙的出現，使人類跨進了一個嶄新的世界，標誌著紙張正式開始代替竹和帛。

　　中國紙張原材料的發明雖然很早，但並沒有得到廣泛的應用，那時官府文書仍是用簡牘、縑帛書寫的，嚴重制約了文化的傳播與發展。

創始發明：四大發明與歷史價值

文明之母　造紙術

　　到了東漢時期，造紙技術有了較大的發展，才結束了古代簡牘繁複的歷史，大大地促進了中國古代文化的傳播與發展。

　　那是漢明帝劉莊西元六二年，在湖南的耒陽，有一個普通農民的家庭，出生了一個小男孩，父母給他取名叫蔡倫。蔡倫從小隨父輩種田，但他聰明伶俐，很會討人喜歡。

　　漢章帝劉旭繼位後，常到各郡縣挑選幼童入宮。西元七五年，蔡倫被選入洛陽宮內為太監，當時他十五歲。

　　蔡倫讀書識字，成績優異，於入宮第二年任小黃門，後升為黃門侍郎，掌管宮內外公事傳達及引導諸王朝見、安排就座等事。再後來，蔡倫被提拔為中常侍，隨侍幼帝左右，參與國家機密大事，地位與九卿等同。

　　漢和帝的皇后鄧綏喜歡舞文弄墨，蔡倫兼任尚方令，主管宮內御用器物和宮廷御用手工作坊。他在任職期間，利用供職之便，常到鄉間作坊察看。

　　西元一〇三年，京師洛陽一連下了半月的大雨，大雨剛過蔡倫就去民間探訪，這一次他來到了洛陽城外的洛河附近的緱氏鎮，向當地的工匠討教一些技藝。

　　蔡倫在路過洛河邊的時候，有好幾棵大樹腐爛倒地，樹上還纏繞著一些破漁網，而在這些破樹上，他驚奇地發現了一層和以前的紙「赫蹏」很相似的東西。他拿著這種東西向當地的村民求教。

當地的村民告訴他，這三年來京師年年下大雨，導致洛河水位上升，河邊的一些樹全部浸泡在河水裡腐爛，過了幾個月樹上就會自然形成這種東西。

難道這是樹皮形成的東西？蔡倫忽然意識到這也許就是他苦苦尋找了數年的東西！於是蔡倫就在洛河邊搭建了一個臨時的作坊，用樹皮開始了他的實驗。

為了模擬樹皮腐爛的方式，蔡倫在洛河邊上修了一個小池子，引入洛河之水，將樹皮投入池中浸泡；為了模擬樹皮日曬雨淋的方式，他又將樹皮放在太陽地上曝曬。經過這兩道工序後，樹皮變得脆弱，然後，用石臼將樹皮搗成漿，又做成紙。

蔡倫並沒有因此而沾沾自喜，因為他發現這種紙裡面有一些細小的雜質存在，用手在紙上撫摸有明顯凹凸感。如何去掉這種雜質呢？他忽然想起了製劍時淬火的工藝，這就是蒸煮。

於是，蔡倫在造紙的流程中首創了蒸煮的方法。這一次所造出的紙讓蔡倫欣喜若狂，這種紙不但成本低，而且潔白，輕硬，原料普遍。看著自己多年的追尋終於有了成果，蔡倫激動萬分。

激動之餘，蔡倫又想，麻的材料也很普遍，自己的造紙工藝能否改良粗糙的麻紙呢？

有一天，蔡倫經過河邊，看到婦女洗蠶絲和抽蠶絲的「漂絮」過程。他發現，好的蠶絲拿走後，剩下的破亂蠶絲，會

文明之母 造紙術

在席上形成薄薄的一層，而這一層曬乾後，可用來糊窗戶、包東西，也可以用來寫字。

這給了蔡倫很大的啟示，於是他又開始找來了破麻衣和破漁網進行實驗。最後發現用麻所做的紙雖然不如用樹皮的潔白，有些微黃，但是比起原來的麻紙幾乎是天壤之別。

蔡倫將自己的造紙工藝流程記錄成冊，並將自己製造出的紙進獻給了漢和帝。

漢和帝提筆書寫，看著自己的書寫材料竟然是樹皮造出來的，覺得非常新奇，於是在蔡倫的帶領下參觀了洛河邊上的造紙坊。當得知蔡倫是因為看到自己日夜閱讀竹簡而造紙時，漢和帝十分感動，於是下令全國推廣。

人們把這種紙稱為「蔡侯紙」。蔡倫紙的主要原料有檀木、蕘花、鳳梨葉、草木灰、竹子、馬拉巴栗樹糊等。

製作步驟是：

先取檀木，蕘花等樹皮，搗碎，加入草木灰等蒸煮；再將蒸煮過的樹皮原料，放於向陽山上，日曬雨淋，不斷翻覆，讓樹皮自然變白；將樹皮原料等碾碎，浸泡，發酵，打漿，加入樹糊調和成漿；然後用抄紙器將搗好的紙漿，抄成紙張；將抄好後紙張，置於陽光曬乾。

蔡倫帶領並推廣了高級麻紙的生產和精工細作，促進了造紙術的發展，促進皮紙生產在東漢時期創始並發展興旺。同時，由於他受命負責內廷所藏經傳的校訂和抄寫工作，從而形成了大規模用紙高潮，使紙本書籍成為傳播文化的最有力工具。

根據文獻記載，東漢時期還用樹皮纖維造紙。東漢時期造紙能手左伯，在麻紙技術的基礎上，造出來的紙厚薄均勻，質地細密，色澤鮮明。當時人們稱這種紙為「左伯紙」，或稱「子邑紙」。

　　左伯是東漢時期有名的學者和書法家。他在精研書法的實踐中，感到蔡侯紙質量還可以進一步提高，就與當時的學者毛弘等人一起研究西漢以來的造紙技藝，總結蔡倫造紙的經驗，改進造紙工藝。

　　左伯造紙同是用樹皮、麻頭、碎布等為原料，用新工藝造的紙，適於書寫，使用價值更高，深受當時文人的歡迎。左伯紙與張芝筆、韋誕墨在當時被併稱為文房「三大名品」。

　　樹皮紙的出現，是東漢時期造紙技術史上一項重要的技術革命。它為紙的製造開闢了一個新的更廣泛的原料來源，促進了紙的產量和質量的提升。

　　古代造紙術經過蔡倫的改進，形成一套較為定型的造紙工藝流程，其過程大致可歸納為原料的分離、打漿、抄造和乾燥四個步驟。

　　原料的分離，就是用漚浸或蒸煮的方法讓原料在鹼液中脫膠，並分散成纖維狀；

　　打漿，就是用切割和捶搗的方法切斷纖維，並使纖維帚化，而成為紙漿；

　　抄造，即把紙漿滲水製成漿液，然後用撈紙器即篾席撈漿，使紙漿在撈紙器上交織成薄片狀的濕紙；

創始發明：四大發明與歷史價值

文明之母 造紙術

　　乾燥，即把濕紙曬乾或晾乾，揭下就成為紙張。

　　漢代以後，雖然工藝不斷完善和成熟，但這四個步驟基本上沒有變化，即使在現代，在濕法造紙生產中，其生產工藝與中國古代造紙法仍沒有根本區別。

　　總之，漢代造紙術是中國古代科學技術的四大發明之一，是中華民族對世界文明作出的一項十分寶貴的貢獻，大大促進了世界科學文化的傳播和交流，深刻地影響著世界歷史的進程。

閱讀連結

　　蔡倫墓祠位於陝西省洋縣城東八千米的龍亭鎮龍亭村，人們常到這裡祭拜偉大的蔡倫。

　　墓祠分為南北兩部分，墓區居北，其南為祠。祠的中軸線上由南而北依次為山門、拜殿、獻殿。正殿大門上高懸有唐德宗的御書「蔡侯祠」匾額。殿中有蔡倫塑像。右側壁上繪有「蔡倫紙」製作工藝流程圖，左側壁上繪有蔡倫於西元一一四年封為龍亭侯的謝恩圖壁畫。在蔡倫祠中軸線兩側還有鐘樓、鼓樓、戲樓等古建築和近代書法名家於佑仁為蔡倫墓祠所題草書真跡。

魏晉南北朝造紙術

■正在製作紙張的工人

魏晉南北朝時期，造紙工藝進一步發展，造紙業初步形成規模，加工技術發展迅猛。此外，麻紙、麻黃紙、藤紙、銀光紙的出現，更使得紙的質量更上一層，書寫便利，其中麻黃紙被大量使用。

這一時期，紙已經成為中國唯一的書寫材料，紙的普及，有力地促進了當時科學文化的傳播和發展，為書法藝術提供了輕便廉價的載體。

東漢末年，與中原關係極好的于闐王十分青睞中原的絲綢，但當時朝廷禁止輸出蠶絲技術，只作為商品交易。

於是，于闐王向朝廷求娶劉氏王室公主。朝廷很痛快地答應了。

創始發明：四大發明與歷史價值

文明之母 造紙術

在公主臨行前，于闐的迎親大臣悄悄告訴公主國王急欲得到蠶絲技術的事，公主便將蠶繭藏在自己的帽子裡，將蠶繭帶到了于闐。

于闐得到蠶繭，便設法從中原引進桑樹，廣泛種植，養蠶抽絲織綢。接著，一種以桑樹為原料的造紙工藝也在當地流傳起來。

至魏晉南北朝時期，以桑樹皮為原料製作紙已成為一項重要工藝。用桑皮、藤皮造紙，這是這一時期造紙原料擴展的標誌。

除了造紙原料更加豐富外，在設備方面，繼承了西漢時期的抄紙技術，出現了更多的活動簾床紙模。用一個活動的竹簾放在框架上，可以反覆撈出成千上萬張濕紙，提高了工效。

在加工製造技術上，加強了鹼液蒸煮和舂搗，改進了紙的質量，出現了色紙、塗布紙、填料紙等加工紙。

從敦煌石室和新疆沙磧出土的這一時期所造出的古紙來看，紙質纖維交結勻細，外觀潔白，表面平滑，可謂「妍妙輝光」。

北朝傑出農學家賈思勰在《齊民要術》中，還專門有兩篇記載造紙原料楮皮的處理和染黃紙的技術。

魏晉南北朝時期紙廣泛流傳，普遍為人們所使用，造紙技術進一步提高，造紙區域也由晉以前集中在河南洛陽一帶而逐漸擴散到越、蜀、韶、揚及皖、贛等地，產量、質量與日俱增。

造紙原料也多樣化，紙的名目繁多。如竹簾紙，紙面有明顯的紋路，其紙緊薄而勻細。剡溪有以藤皮為原料的藤紙，紙質勻細光滑，潔白如玉，不留墨。東陽有魚卵紙，又稱魚籤，柔軟、光滑。

江南以稻草，麥稭纖維造紙，呈黃色，質地粗糙，難以書寫。北方以桑樹莖皮纖維造紙，質地優良，色澤潔白，輕薄軟綿，拉力強，紙紋扯斷如棉絲，所以稱「棉紙」。

蔡倫造紙的原料廣泛，以爛漁網造的紙叫「網紙」，破布造的紙叫「布紙」，因當時把漁網破布劃為麻類纖維，所以統稱「麻紙」。

為了延長紙的壽命，晉時已發明染紙新技術，即從黃檗中熬取汁液，浸染紙張，有的先寫後染，有的先染後寫。浸染的紙叫「染黃紙」，呈天然黃色，所以又叫「黃麻紙」。黃麻紙有滅蟲防蛀的功能。

這一時期，造紙業也初步形成規模。如果說漢代在書寫記事材料方面還是縑帛和簡牘並用，紙只是作為新型材料剛剛崛起，還不足以完全取代帛簡的話，那麼，這種情況到了晉代，就已發生根本性的變化。

由於晉代已造出大量潔白平滑而又方正的紙，人們就不再使用昂貴的縑帛和笨重的簡牘來書寫了，而是逐步習慣於用紙，以致最後使紙成為占支配地位的書寫材料，徹底淘汰了簡牘。

東晉末年，朝廷甚至明令規定用紙作為正式書寫材料，凡朝廷奏議不得用簡牘，而一律以紙代之。

創始發明：四大發明與歷史價值

文明之母 造紙術

　　例如東晉的豪族桓玄掌握朝廷大權後，在他臨死的那一年廢晉安帝，改國號為楚，隨即下令停用簡牘而代之以黃紙：「古無紙，故用簡，非主於敬也。今諸用簡者，皆以黃紙代之。」

　　地下出土文物也表明，西晉時還是簡紙並用，東晉便不再出現簡牘文書，而幾乎全是用紙了。

　　隨著造紙技術的進步和推廣，這個時期南北各地，包括有些少數民族地區，都建立了官私紙坊，就地取材造紙。

　　北方以洛陽、長安、山西及河北、山東等地為中心，主要產麻紙、楮皮紙、桑皮紙。當時的文學家徐陵《玉臺新詠·序》說道：「五色花籤，河北、膠東之紙。」

　　山東早在漢末就產名紙，東萊人左伯在曹魏時還在世，左伯紙名重一時。而長安、洛陽是在兩漢的基礎上繼續發展成為造紙中心的。

　　東晉南渡後，江南也發展了造紙生產。浙江會稽、安徽南部和建業、廣州等地，成了南方的造紙中心，也產麻紙、桑皮紙和楮皮紙。

　　後來北宋時期的書法家米芾在《十紙說》中說道：「六合紙，自晉已用，乃蔡侯漁網遺制也。」當時的浙江嵊縣剡溪沿岸，成為藤紙中心，但在南方，仍以麻紙為大宗。

　　魏晉南北朝時期，由於廣大紙工在生產實踐中精益求精，積累了許多先進技術經驗，因此名工輩出，名紙屢現。除前述左伯及左伯紙外，還有南朝劉宋時期的張永。

南朝時期史學家沈約《宋書張永傳》記載：「張永善隸書，又有巧思，紙及墨皆自營造。」他造的紙為當時北方所不及。

新疆維吾爾自治區出土的東晉寫本《三國志》的筆法圓熟流暢，有濃厚的隸書風味。古代著名書法家王羲之、陸機等人也都是以麻紙揮毫。

除麻紙外，這時期還採用其他韌皮纖維原料造紙，如楮皮紙、藤皮紙等。從晉代開始一直延續至唐宋時期為止。

據文獻記載，晉代還有一種側理紙，即後世的髮箋。側理紙以麻類、韌皮類等傳統原料製漿，再摻以少量水苔、髮菜等做填料，用量雖少，但因呈現顏色，放在紙面上非常明顯。

這種髮箋紙在唐宋時期以後還繼續生產，直至近代。外國的髮箋，最著名的是朝鮮李朝時期的髮箋。

魏晉南北朝時期紙的加工技術也有相當發展，較重要的加工技術之一是表面塗布。

所謂表面塗布，就是先將白粉碾細，製成它在水中的懸浮液，再將澱粉與水共煮，使與白粉懸浮液混合，用排筆塗施於紙上，因為紙上有刷痕，所以乾燥後要經研光。這樣，既可增加紙的白度、平滑度，又可減少透光度，使紙面緊密，吸墨性好。

這類紙在顯微鏡下觀察，纖維被礦粉晶粒所遮蓋的現象清楚可見。

　　對紙張加工的另一技藝是染色。紙經過染色後，除增添外表美觀外，往往還有實用效果，改善紙的性能。紙的染色從漢代就已開始。

　　東晉時期煉丹家葛洪在《抱朴子》中也提到了黃檗染紙。黃檗也叫「黃柏」，是一種蕓香科落葉喬木，其皮呈黃色。中國最常用的是關黃柏和川黃柏。

　　這時期黃紙不僅為士人寫字著書所用，也為官府用以書寫文書。至於民間宗教用紙，也多用黃紙，尤其佛經、道經寫本用紙，不少都經染黃。

　　當時的人們喜歡用黃紙有三個原因：第一，黃柏中含有生物鹼，主要是小檗鹼、少量的棕櫚鹼、黃柏酮、黃柏內脂等。小檗鹼呈苦味，色黃。棕櫚鹼也呈黃色，可溶於水。這種生物鹼既是染料，又是殺蟲防蛀劑。既延長紙的壽命，而同時還有一種清香氣味。

　　第二，按照古代的五行說，金木水火土五行對應於五色、五方、五音、五味等。五行中的土對應於五方中的中央和五色中的黃，黃是五色中的正色。故古時凡神聖、莊重的物品常飾以黃色，重要典籍、文書也取黃色。

　　第三，黃色不刺眼，可長期閱讀而不傷目；如有筆誤，可用雌黃塗後再寫，便於校勘。這種情況在敦煌石室寫經中確有實物可證。

　　漢紙多粗厚，簾紋不顯，而晉代和南北朝時期的紙，都比漢代紙薄，而且有明顯的簾紋。

簾紋紙是一種白亮而極薄的的佳紙，表面平滑、堅韌，墨跡發光，用手觸摸，沙沙有聲。這種紙在新疆出土的實物不少，至今看到實物，仍令人讚嘆不已。

從造紙技術上來分析，兩晉南北朝時期是用類似現今土法抄的可拆合的簾床紙模抄造。這顯然是造紙技術史中具有劃時代意義的發明。

閱讀連結

籤紙是特殊的紙品，或用單色漂染，或用套色印刷，或加以浮雕圖案，或灑以金銀色粉屑，真有賞心悅目之觀，尤其是有點雅趣的文人，每每愛不釋手。

籤紙的樣式，由來已久，北宋時期官員蘇易簡在其所著的《文房四譜》卷四《紙譜》記載：東晉時期的桓玄作「桃花籤」紙，有縹綠、青、紅等色，是蜀地名產，這些都是早期的彩色籤紙。

▊隋唐五代的造紙術

■薛濤畫像

　　隋唐五代時期，是中國造紙術的進一步發展階段，造紙原料開始向多元化邁進，造紙工藝取得了更大的發展，造紙技術也出現了新的發展。

　　在改善紙漿性能、改革造紙設備等方面取得一些進步，可造出更大幅面的佳紙，滿足了書畫藝術的特殊要求，紙的加工更加考究，出現了一些名貴的加工紙而載諸史冊，並為後世倣法。

　　隋唐五代時期，中國除麻紙、楮皮紙、桑皮紙、藤紙外，還出現了檀皮紙、瑞香皮紙、稻麥稭紙和新式的竹紙，另外，竹紙也在這時初露頭角。

薛濤是唐代女詩人，一生酷愛紅色，她常常穿著紅色的衣裳在成都浣花溪邊流連，隨處可尋的紅色芙蓉花常常映入她的眼簾，於是製作紅色籤紙的創意進入她的腦海。

薛濤用毛筆或毛刷把小紙塗上紅色的雞冠花、荷花及不知名的紅花，將花瓣搗成泥再加清水，經反覆實驗，從紅花中得到染料，並加進一些膠質調勻，塗在紙上，一遍一遍地使顏色均勻塗抹。

再以書夾濕紙，用吸水麻紙附貼色紙，再一張張疊壓成摞，壓平陰乾。由此解決了外觀不勻和一次製作多張色紙的問題。為了變花樣，還將小花瓣撒在小籤上，製成了紅色的彩籤。

薛濤用自己設計的小彩籤，和當時著名詩人元稹、白居易、張籍、王建、劉禹錫、杜牧、張祜等人都有應酬交往。

薛濤使用的塗刷加工製作色紙的方法，與傳統的浸漬方法相比，有省料、加工方便、生產成本低之特點，類似現代的塗布加工工藝。

薛濤名籤有十種顏色：深紅、粉紅、杏紅、明黃、深青、淺青、深綠、淺綠、銅綠、殘雲。何以特喜紅色，一般認為紅是快樂的顏色，它使人喜悅興奮，也象徵了她對正常生活的渴望和對愛情的渴望。

薛濤籤是隋唐五代時期造紙術發展的一個標誌，在中國製籤發展史上，佔有重要地位，後歷代均有仿製。

創始發明：四大發明與歷史價值

文明之母 造紙術

　　隋唐五代所用的造紙原料，除家麻和野麻以外，從晉代以來興起的藤紙，至隋唐時期達到了全盛時期，產地也不只限於浙江。

　　《唐六典》注和《翰林志》均載有唐代朝廷、官府文書用青、白、黃色藤紙，各有各的用途。陸羽《茶經》提到用藤紙包茶。

　　《全唐詩》卷十收有顧況的《剡紙歌》，描寫浙江剡溪的藤紙時說：「剡溪剡紙生剡藤，噴水搗為蕉葉棱。欲寫金人金口渴，寄予山明山裡僧。」

　　《全唐文》收有舒元輿《悲剡溪古藤文》，作者悲嘆因造紙而將古藤斬盡，影響它的生長。藤的生長期比麻、竹、楮要長，資源有限，因此藤紙從唐代以後就走向下坡路。

　　從歷史文獻上看，桑皮紙、楮皮紙雖然歷史悠久，但唐代以前的實物則很少見到，隋唐時期皮紙才漸漸多了起來。

　　敦煌石室中的隋代《波羅蜜經》是楮皮紙，《妙法蓮華經》是桑皮紙。唐代《無上祕要》和《波羅蜜多經》也是皮紙。傳世的唐代初期馮承摹神龍本《蘭亭序》也是皮紙。

　　關於用楮皮紙寫經，在唐代京兆崇福寺僧人法藏《華嚴經傳記》卷五也有記載。

　　南方產竹地區，竹材資源豐富，因此竹紙得到迅速發展。關於竹紙的起源，先前有人認為開始於晉代，但是缺乏足夠的文獻和實物證據。

從技術上看，竹紙應該在皮紙技術獲得相當發展以後，才能出現，因為竹料是莖稈纖維，比較堅硬，不容易處理，在晉代不太可能出現竹紙。

竹紙起源於唐，在唐宋時期有比較大的發展。歐洲要到十八世紀才有竹紙。竹紙主要產於南方，南方竹材資源豐富。

唐代還有一種香樹皮紙。據《新唐書·肖仿傳》記載，羅州多棧香樹，身如櫃柳，皮搗為紙。這些唐人記載說明，廣東羅州產的棧香或籤香樹皮紙是名聞於當時的。

據明代科學家宋應星《天工開物·殺青》記載，唐代四川造的「薛濤牋，以芙蓉皮為料。煮麋入芙蓉花末或當時薛濤所指，遺留名至今。其美在色，不在質也。」

用木芙蓉韌皮纖維造紙，在技術上應是可能的。因為經脫膠後，總纖維素含量很高。

像魏晉南北朝時期一樣，隋唐五代時期也有時用各種原料混合造紙，意在降低生產成本並改善紙的性能。

隨著造紙原料的逐步擴大和造紙技術在各地的推廣，隋唐五代時期，產紙區域已經遍及全國各地。

據唐代的《元和郡縣圖志》、《新唐書·地理志》和《通典·食貨典》三書記載，在唐代各地貢紙者有常州、杭州、越州、婺州、衢州、宣州、歙州、池州、江州、信州、衡州十一個州邑。當然這是個很不完全的統計，其實產紙的區域遠不止這些地區。

創始發明：四大發明與歷史價值

文明之母　造紙術

　　宣紙在唐代為書畫家所使用，可見它的質量之高。宣紙因原產於宣州府而得名，當時稱為「貢紙」。

　　《新唐書·地理志》記載，宣州土貢有紙和筆。宣州下置宣城、當塗、涇縣、廣德、南陵、太平、寧國、旌德八縣，這是有關宣紙的最早記載。

　　至宋代時期，徽州、池州、宣州等地的造紙業逐漸轉移集中於涇縣。當時這些地區均屬宣州府管轄，所以這裡生產的紙被稱為「宣紙」，也有人稱「涇縣紙」。

　　南唐後主李煜，曾親自監製的「澄心堂紙」，就是宣紙中的珍品，它「膚如卵膜，堅潔如玉，細薄光潤，冠於一時」。

　　宣紙具有「韌而能潤、光而不滑、潔白稠密、紋理純淨、搓折無損、潤墨性強」等特點，並有獨特的滲透、潤滑性能。寫字則骨神兼備，作畫則神采飛揚，成為最能體現中國藝術風格的書畫紙。

　　再加上宣紙耐老化、不變色、少蟲蛀、壽命長，故有「紙中之王、千年壽紙」的譽稱。十九世紀在巴拿馬國際紙張比賽會上獲得金牌。

　　宣紙除了題詩作畫外，還是書寫外交照會、保存高級檔案和史料的最佳用紙。

　　中國流傳至今的大量古籍珍本、名家書畫墨跡，大都用宣紙保存，依然如初。

　　宣紙的原料宣紙的選料和其原產地，與涇縣的地理有十分密切的關係。因青檀樹是當地主要的樹種之一，故青檀樹

皮便成為宣紙的主要原料；當地又種植水稻，大量的稻草便也成了原料之一；涇縣更伴青弋江和新安江，這三點便為涇縣的宣紙產業打下基礎。

涇縣生產宣紙的原料是以皖南山區特產的青檀樹為主，配以部分稻草，經過長期的浸泡、灰醃、蒸煮、洗淨、漂白、打漿、水撈、加膠、貼烘等十八道工序，一百多道操作過程，歷時一年多，方能製造出優質宣紙。

製成的宣紙按原料分為綿料、皮料、特淨三大類，按厚薄分為單宣、夾宣、三層夾、螺紋、十刀頭等多種。

淨皮是宣紙中的精品，具有拉力、韌力強，潑墨性能好等優點，為廣大書畫家所喜愛。有人讚譽宣紙「薄似蟬翼白似雪，抖似細綢不聞聲。」一幅幅圖畫，一篇篇文字，皆憑宣紙而光耀千秋。

伐條宣紙的傳統做法是，將青檀樹的枝條先蒸，再浸泡，然後剝皮，曬乾後，加入石灰與純鹼再蒸，去其雜質，洗滌後，將其撕成細條，晾在朝陽之地，經過日曬雨淋會變白。

然後將細條打漿入膠。把加工後的皮料與草料分別進行打漿，並加入植物膠充分攪勻，用竹簾抄成紙，再刷到炕上烤乾，剪裁後整理成張。

宣紙的每個製作過程所用的工具皆十分講究。如撈紙用的竹簾，就需要用到紋理直，骨節長，質地疏鬆的苦竹。宣紙的選料同樣非常講究。青檀樹皮以兩年以上生的枝條為佳，稻草一般採用砂田里長的稻草，其木素和灰分含量比普通泥田生長的稻草低。

創始發明：四大發明與歷史價值

文明之母 造紙術

　　抄紙是利用竹簾及木框，將漿料蕩入其中，經搖盪，使纖維沉澱於竹簾，水分則從縫隙流失，紙張久蕩則厚，輕蕩則薄，手抄紙完成後取出竹簾，需以線作為區隔後重疊，並待水分流失部分，採取重壓方式增其密度，便可進行烘焙。

　　烘紙是利用蒸氣在密封的鐵板產生熱度，以長木條輕卷手抄紙，用毛刷整平，間接加熱使紙乾燥。同時進行質檢，就是成品的宣紙。

　　隋唐五代時期的造紙技術比魏晉南北朝時期進步的另一表現是，這時期紙的質量及其加工技術大大超過前代，而且出現了不少名貴的紙張為後世所傳頌，在造紙設備上也有了改進。

　　隋唐五代時期的抄紙器絕大部分使用的是活動簾床紙模，只是因編製紙簾子的材料不同而分為粗茶簾紋和細條簾紋。在長寬幅度上，唐代紙都大於魏晉南北朝時期紙。為了適應寫字繪畫的需要，唐代紙明確區分為生紙與熟紙。

　　張彥遠《歷代名畫記》卷三就明確指出唐代生熟紙的功用。他講到裝裱書畫時說：「勿以熟地背，必皺起，宜用白滑漫薄大幅生紙。」

　　這裡所說的生紙，就是直接從紙槽抄出後經烘乾而成的未加處理過的紙，而熟紙則是對生紙經過若干加工處理後的紙。

　　紙的加工主要目的在於阻塞紙面纖維間的多餘毛細孔，以便在運筆時不致因走墨而暈染，達到書畫預期的藝術效果。

有效措施是砑光、拖漿、填粉、加蠟、施膠等。這樣處理過的紙，就逐漸變熟。

同時，由於發明了雕版印刷術，大大刺激了造紙業的發展，造紙區域進一步擴大，名紙迭出。如益州的黃白麻紙，杭州、婺州、衢州、越州的藤紙，均州的大模紙，蒲州的薄白紙，宣州的宣紙、硬黃紙，韶州的竹籤，臨川的滑薄紙。

唐代各地多以瑞香皮、棧香皮、楮皮、桑皮、藤皮、木芙蓉皮、青檀皮等韌皮纖維作為造紙原料，這種紙紙質柔韌而薄，纖維交錯均勻。

唐代在前代染黃紙的基礎上，又在紙上均勻塗蠟，經過砑光，使紙具有光澤瑩潤，豔美的優點，人稱「硬黃紙」。

還有一種硬白紙，把蠟塗在原紙的正反兩面，再用卵石或弧形的石塊碾壓摩擦，使紙光亮、潤滑、密實，纖維均勻細緻，比硬黃紙稍厚，人稱「硬白紙」。

另外，添加礦物質粉和加蠟而成的粉蠟紙，在粉蠟紙和色紙基礎上經加工出金、銀箔片或粉的光彩的紙品，稱作「金花紙」、「銀花紙」或「金銀花紙」，又稱「冷金紙」或「灑金銀紙」。

還有色和花紋極為考究的砑花紙，它是將紙逐幅在刻有字畫的紋版上進行磨壓，使紙面上隱起各種花紋，又稱「花簾紙」或「紋紙」。當時四川產的砑花水紋紙魚子籤，備受歡迎。

創始發明：四大發明與歷史價值

文明之母 造紙術

當時還出現了經過簡單再加工的紙，著名的有謝公十色箋等染色紙。還有各種各樣的印花紙、松花紙、雜色流沙紙、彩霞金粉龍紋紙等。

五代製紙業仍繼續向前發展，歙州製造的澄心堂紙，直至北宋時期，一直被公認為是最好的紙。

這種紙長者可五十尺為一幅，自首至尾均勻而薄韌。宋代繼承了唐代和五代時期的造紙傳統，出現了很多質地不同的紙張，紙質一般輕軟、薄韌。上等紙全是江南製造，也稱「江東紙」。

造紙業的發達，是唐代文化繁榮的標誌；同樣，造紙術的發展，又直接推動了唐代文化的繁榮。

閱讀連結

民間傳說，東漢安帝建光元年（西元一二一年）蔡倫死後，他的弟子孔丹在皖南大量造紙，但他很想造出一種潔白的紙，好為老師畫像，以表緬懷之情。

後在一峽谷溪邊，偶見一棵古老的青檀樹，橫臥溪上，由於經流水終年沖洗，樹皮腐爛變白，露出縷縷長而潔白的纖維。孔丹欣喜若狂，取以造紙，經反覆試驗，終於成功，這就是後來的宣紙。

宋元明清的造紙術

■大風堂用紙

　　宋元和明清時期，造紙用的竹簾多用細密竹條，這就要求紙的打漿度必須相當高，而造出的紙也必然很細密勻稱。

　　這一時期的楮紙、桑皮紙等皮紙和竹紙特別盛行，消耗量也特別大。紙質的提高，也促進了經濟、文化等行業的發展。

　　張大千是四川內江人，是中國畫壇最具傳奇色彩的國畫大師。傳說其母在其降生之前，夜裡夢一老翁送一小猿入宅，所以在他二十一歲的時候，改名爰。後出家為僧，法號大千，所以世人稱「大千居士」。

　　有一次，張大千邀約好友晏濟元一道，來到夾江縣馬村石堰山中，找到大槽戶石子青。在仔細觀看了紙的配料和生產過程後，他心中有了底，開始與晏濟元配製製造新紙的藥料。

文明之母 造紙術

　　兩個月過去了，張大千拿著配製好的藥液叫石子青試製新紙，造出的紙，抗水性和潔白度果然好多了。但美中不足的是這種紙抗拉力不強，受不了重筆。

　　在和幾個經驗豐富的造紙師傅商量後，張大千又決定在純竹漿中加入少量的麻料纖維。歷經兩個月艱辛，新一代的紙試製成功。

　　新紙潔白如雪，柔軟似綿，張大千對其偏愛有加，親自設計紙簾、紙樣，同樣命名為「大風紙」。

　　新大風紙簾紋比宣紙略寬，在紙的兩端做有荷葉花邊，暗花紋為雲紋，設在紙的兩端四寸偏內處，一邊各有「蜀簾」和「大風堂監製」的暗印。

　　張大千共訂造了兩百刀夾江新紙，每刀九十六張，經徐悲鴻、傅抱石先生試用，齊聲稱道。從此以後，夾江紙名聲大振。

　　夾江手工造紙始於唐代，明清時期夾江紙業進入興盛時期，全縣紙產量約占全國的三分之一。

　　據史載，西元一六六一年，夾江所送的「長簾文卷」和「方細土連」兩紙經康熙親自試筆後，被欽定為「文闈捲紙」和「宮廷用紙」。

　　夾江紙名聲大嘩，除每年定期解送京城供科舉考試和皇宮御用外，各地商人雲集夾江，爭相採購夾江紙品。因此，夾江有了「蜀紙之鄉」的美譽。其實，夾江紙和其他科技成果一樣，也是在此前的造紙技術基礎上取得的。

唐代用澱粉糊劑做施膠劑，兼有填料和降低纖維下沉槽底的作用。至宋代以後，多用植物黏液做「紙藥」，使紙漿均勻。

常用的紙藥是楊桃藤、黃蜀葵等浸出液。這種技術早在唐代已經採用，但是宋代以後就盛行起來，以致不再採用澱粉糊劑了。

這時候的各種加工紙品種繁多，紙的用途日廣，除書畫、印刷和日用外，中國還最先在世界上發行紙幣。

這種紙幣在宋代稱作「交子」，元明時期後繼續發行，後來世界各國也相繼跟著發行了紙幣。

元代造紙業凋零，只在江南還勉強保持昔日的景象。至明代，造紙業才又興旺發達起來，主要名品是宣紙、竹紙、宣德紙、松江潭籤。

明清時期，用於室內裝飾用的壁紙、紙花、剪紙等也很美觀，並且行銷於國內外。各種彩色的蠟籤、冷金、泥金、螺紋、泥金銀加繪、砑花紙等，多為封建統治階級所享用，造價很高，質量也在一般用紙之上。

經過元明清數百年歲月，至清代中期，中國手工造紙已相當發達，質量先進，品種繁多，成為中華民族數千年文化發展傳播的物質條件。

清代宣紙製造工藝進一步改進，成為家喻戶曉的名紙。各地造紙大都就地取材，使用各種原料，製造的紙張名目繁多。

創始發明：四大發明與歷史價值
文明之母 造紙術

　　在紙的加工技術方面，如施膠、加礬、染色、塗蠟、砑光、灑金、印花等工藝，都有進一步的發展和創新。

　　各種箋紙再次盛行起來，在質地上推崇白紙地和淡雅的色紙地，色以鮮明靜穆為主。

　　康熙、乾隆時期的粉蠟箋，如描金銀圖案粉蠟箋、描金雲龍考蠟箋、五彩描繪砑光蠟箋、印花圖繪染色花箋，在三色紙上採用粉彩加蠟砑光，再用泥金或泥銀畫出各種圖案，箋紙的製作在清代已達到精美絕倫的程度。

閱讀連結

　　宣紙按加工方法可分為生宣、熟宣和半熟宣三種。

　　生宣是沒有經過加工的，吸水性和沁水性都強，易產生豐富的墨韻變化，以之行潑墨法、積墨法，能收水暈墨章、渾厚華滋的藝術效果。寫意山水多用它。

　　生宣紙經上礬、塗色、灑金、印花、塗蠟、灑雲母等，製成熟宣，又叫素宣、礬宣、加工宣。其特點是不洇水，宜於繪製工筆畫。但不適宜作水墨寫意畫。

　　半熟宣也是從生宣加工而成，吸水能力介乎前兩者之間，「玉版宣」即屬此一類。

造紙術的對外傳播

■古法造紙

　　中國造紙術首先傳入與中國接壤的朝鮮和越南，隨後又傳到了日本。

　　在蔡倫改進造紙術後不久，朝鮮和越南就有了紙張。從唐代開始，造紙術傳入阿拉伯，繼而傳入歐洲。

　　中國造紙術傳播出去以後，推動了世界科學文化的傳播和交流，改變了世界上事物的全部面貌和狀態，又從而產生了無數的變化。

　　中國造紙術傳入日本，是由高句麗僧人曇徵帶去的。日本飛鳥時代的繪畫大多與佛教、佛寺有關。高句麗僧曇徵的到來，是飛鳥繪時代畫的一個重要轉折點。

創始發明：四大發明與歷史價值

文明之母 造紙術

西元六一○年，曇徵渡海到日本，把造紙術獻給日本攝政王聖德太子。聖德太子下令推廣全國，後來日本人民稱曇徵為「紙神」。

曇徵不僅首傳造紙術，而且還將調製彩色的先進技術帶入日本，對飛鳥時代的彩繪發展造成巨大推動作。在法隆寺金堂的淨土世界壁畫等繪畫作品就是這一技術結出碩果。

其實在曇徵東渡日本之前，朝鮮半島各國也先後都學會了造紙的技術。紙漿主要由大麻、籐條、竹子、麥稈中的纖維提取。造紙技術得到不斷豐富和發展。

大約在南北朝時期，百濟在中國人的幫助下學會了造紙，不久，高句麗、新羅也掌握了造紙技術。此後，高句麗造紙的技術不斷提高，至隋代，高句麗的皮紙不僅反向中國出口，還由尚曇傳入日本。

除了朝鮮半島和日本外，中國的造紙技術也傳播到了中亞的一些國家。西晉時期，越南人也掌握了造紙技術，並從此透過貿易傳播到達了印度。

造紙術傳入阿拉伯是在唐代的西元七五一年。

那一年，唐安西節度使高仙芝率部與阿拉伯帝國軍隊在怛羅斯交戰，被阿拉伯帝國俘虜的唐軍士兵中有從軍的造紙工人。

當時的阿拉伯人沒有屠俘的習慣，因此被俘的唐軍造紙工匠可以為阿拉伯人造紙。西元七九四年，在中國工匠的指導下，阿拉伯帝國在都城巴格達建立了新的造紙工場。此後，阿拉伯帝國的一切文書、檔案均書寫在紙製品上。

隨後，源自中國的造紙術隨著阿拉伯大軍迅速傳到西班牙、義大利、法國、德國、英國、瑞典、墨西哥、丹麥等地。在造紙術的流傳中，歐洲人是透過阿拉伯人瞭解造紙技術的，阿拉伯人的傳播功勞不可忽視。

　　南宋時期的一一五〇年，阿拉伯人在西班牙的薩狄瓦，建立了歐洲第一個造紙場。

　　元代時期的西元一二七六年，義大利的第一家造紙場在蒙的長羅建成，生產麻紙。

　　元代的西元一三四八年，法國於在巴黎東南的特魯瓦附近建立造紙場。此後又建立幾家造紙場。

　　法國不僅國內紙張供應充分，而且還向德國出口。因此德國很快也在中國元代時建立了自己的造紙場。

　　英國因為與歐洲大陸有一海之隔，造紙技術傳入比較晚，在中國明代的英國才有了自己的造紙廠。

　　在西元一五七三年，瑞典建立了最早的造紙廠，丹麥於西元一六三五年開始造紙，一六九〇年建於奧斯陸的造紙廠是瑞典最早的紙廠。

　　西班牙人移居墨西哥後，最先在美洲大陸建立了造紙廠，墨西哥造紙始於西元一五七五年。

　　西元一五七五年，俄羅斯在建立第一家造紙廠，至十八世紀初，俄羅斯已有二十三家造紙廠。

　　至中國的明末清初時，歐洲各主要國家都有了自己的造紙業。

創始發明：四大發明與歷史價值

文明之母 造紙術

西元一六九〇年，美國第一家造紙廠在費城附近建立，西元一七二九年英國人在費城附近的切斯特克里克建立著名的「常春藤造紙廠」。

西元一八〇三年美國人在加拿大魁北克省的聖安德魯斯鎮建立第一家造紙廠。

十九世紀，中國的造紙術已傳遍五洲各國。

造紙術發明以前，世界各國的書寫材料，有的堅硬，有的笨重，有的價格昂貴，都不是理想的書寫材料，不利於文化的傳播。

造紙術的發明以後，引起了書寫材料的一場革命，特別是蔡倫改進造紙術，提高了紙的質量和產量，使紙日益成為普遍的書寫材料。

造紙術的對外傳播，促進了文化的交流和教育的普及，深刻地影響了世界文明的發展進程。造紙術的發明和推廣，對於世界科學文化的傳播產生了深刻的影響，對於社會的進步和發展造成了巨大的推動作用。

紙的誕生是人類歷史上的一座重要里程碑，更是人類文明傳播史上的一次偉大的革命。造紙術的發明是中華民族對世界文明的偉大貢獻。

閱讀連結

中國造紙術傳入歐洲前，歐洲人也曾用羊皮進行文字記錄工作。在中世紀的歐洲，據說抄一本《聖經》要用三百多張羊皮，這極大地限制了文化訊息的傳播範圍。

中國造紙術傳入歐洲後，造紙術的西傳，為當時歐洲蓬勃發展的教育、政治、商業等方面的活動，提供了極為有利的條件。與此同時，歐洲人開始改良造紙技術，直至十七世紀，歐洲的造紙技術還只能達到中國宋代的水平。從蔡倫時起，中國的造紙術曾持續領先世界兩千年。

▌傳統造紙術的傳承

■造紙漂塘流程

東漢年間經蔡倫綜合革新改造，提高造紙技術和質量，使紙本書籍成為傳播文化的最有力工具。傳統造紙術極大地推動了科技、經濟、文化的發展，並且在西安南面的北張村得到傳承，在清代時曾被用作奏摺和科舉考試用紙。

楮皮紙抄制技術傳承人張逢學所生產的紙漿，需經過備料、切穰等幾道工序完成，生產出來的紙稱為「白麻紙」。為傳統造紙術的發展傳承作出了貢獻。

創始發明：四大發明與歷史價值

文明之母 造紙術

從西安出發南行二十多公里，西面是水資源豐富的沣河，自南向北流入渭河，東面是當地人稱「沣惠渠」的人工河。長安北張村就處於兩條流水之間。

相傳東漢時，蔡倫因政治鬥爭被抓到京都接受審判，他不願忍受屈辱，在他的造紙發明地和封地龍亭縣服毒自盡。

蔡倫家族中人也受到連累四處逃命藏匿，其中一部分人逃至安康，經子午道越秦嶺，向北走出秦嶺山口時，將當時最先進的植物纖維造紙技術傳授給北張村一帶。於是，北張村人至今仍在沿用的就是蔡倫發明的用植物纖維為原料的造紙法。

北張村南面的秦嶺灌木叢生，楮樹、桑樹隨處可見，成為造紙用之不盡的優質原料，滔滔沣河水又為楮樹皮的浸泡、發酵、漂洗、打漿提供了便利條件。

一千多年來，長安北張村的紙匠們一直使用原始、簡單的工具，按照東漢蔡倫發明的複雜、完整的流程，製造出純天然的楮皮紙。這套工藝被專家們稱作「研究手工紙工藝演化進程的活化石」。

北張村人多地少，手工造紙從古至今都是當地村民生活的主要來源。流傳在北張村一帶的民謠講述了蔡倫實驗造紙、攻克一道道技術難關的故事。

民謠說道：

蔡倫造紙不成張，觀音老母說藥方。

張郎就把石灰燒，李郎抄紙成了張。

村裡幾乎每家造紙作坊的牆壁上，都供奉著造紙祖師爺蔡倫的神像，村外還有一座蔡倫廟，供奉著「紙聖」蔡倫祖師，接受紙工和村民的頂禮膜拜。

「倉頡字，雷公瓦，沄出紙，水漂簾。」流傳下來的北張村民謠，不但描述了最早紙的誕生，而且成為沄河一帶造紙歷史悠久的有力佐證。

楮皮紙抄制技藝的傳承人是張逢學。張家生產紙漿要經過備料、切穰、踏碓、搗漿、淘漿這樣幾道工序。

具體流程是：先篩選出用清水泡過的新鮮枸樹皮，放到石灰水裡泡兩三天，然後在大鍋裡蒸一天一夜。待纖維徹底軟化，拿到河裡將石灰和其他雜質徹底洗乾淨後放到石碾上碾成穰，再用鍘刀切碎，然後用工具壓成鬆散狀。

之後，還要放到石缸裡用石具搗，使植物纖維變得更軟更細，最後放到石槽裡淘漿變成均勻的紙漿。

張家後院有一個五米長，三米寬浸泡紙漿的水槽。據說，這個水槽一定要用石頭壘砌，才能保證水不變臭。

人站進一個水槽邊一米見方的洞裡，手持飛桿在水中來回攪動，讓纖維均勻分佈在水中，隨後巧妙地使漿中的纖維覆蓋在紙簾上，形成濕紙，一張張疊放於紙床上。

待達到一定厚度後，用槓桿的方法將濕紙放在支點上，逐漸除去濕紙中大量水分，形成紙磚。最後把紙一張張撕下，貼在牆上曬乾。

創始發明：四大發明與歷史價值
文明之母 造紙術

　　這種純天然的紙亮白潔淨，柔韌性非常好，用手使勁揉搓再展開，基本平展如初。據說這紙還耐保存，其書畫作品百十年後拿出來仍然跟剛畫的一樣。

　　據學者考證，至唐代，因為京畿地區大量需求紙，北張村的造紙技藝得到鼎盛發展，尤其是被視為精品的白麻紙甚至遠銷到朝鮮、日本等國。清代時北張村所造楮皮紙後來被選作奏摺和科舉考試用紙。

　　北張村造紙技藝以傳統家族式口傳心授，世代傳承，張逢學等北張村人仍在用它造這種白麻紙。

　　當先進的造紙機器以每分鐘九百米長，八米多寬的速度在生產線上出紙時，北張村的紙匠依然重複著這些古老的造紙工序。

　　後來，在北張村隨處可見一些被丟棄的石碾、石臼，它們都已成為一種歷史的遺蹟，或許若干年後，北張村也會只剩下一個介紹「紙村」歷史的牌坊。

閱讀連結

　　北張村附近的山上有含有大量纖維的樹木和麻類植物，有的被雨水帶入河中，在自然原始鹼和水的作用下變成稀薄的原始紙漿，漂到岸邊廢棄的樹枝上聚集，經過太陽曬乾後揭下來，竟然成為可以使用的紙。楮皮紙傳承人張逢學就運用自然的原理生產出人工紙。

　　張逢學十二歲開始跟著父親張元新學習傳統抄紙技術，在父親的口傳心授下，熟練掌握了世代祖傳的傳統楮皮紙的

製作工藝。他曾經參加了國內的各種文化活動，向世人展示
了這種傳統技藝。

創始發明：四大發明與歷史價值

文明先導 印刷術

文明先導 印刷術

　　北宋時期畢昇發明了以泥活字為標誌的活字印刷術。其方法是先製成單字的陽文反字模，然後按照稿件挑選單字並排列在字盤內，塗墨印刷。之後再將字模拆出，留待下次排印時再次使用。

　　畢昇是世界上第一個發明印刷術的人，比歐洲活字印書早四百年。

　　印刷術是在印章、拓印和印染技術的基礎上發明的，是中國祖先智慧的結晶。印刷術的發明是世界印刷史上偉大的技術革命。

▌印刷術的歷史起源

■古代印刷術

創始發明：四大發明與歷史價值

文明先導 印刷術

　　印刷術是中國古代四大發明之一。其特點是方便靈活，省時省力，為知識的廣泛傳播、交流創造了條件。

　　印刷術的發明，是中國祖先智慧的結晶，有著漫長而艱辛的探索過程。

　　中國古代印章、拓印和印染技術，對印刷術的問世奠定了基礎。

　　中國印刷術的發展經過了雕版印刷和活字印刷兩個階段，但它的源起卻是來源於先秦時期的印章。

　　印刷術發明之前，文化的傳播主要靠手抄的書籍。手抄費時、費事，又容易抄錯、抄漏，阻礙了文化的發展，給文化的傳播帶來不應有的損失。

　　印章和石刻給印刷術提供了直接的經驗性啟示，用紙在石碑上墨拓的方法，為雕版印刷指明了方向。

　　印章在先秦時就有，一般只有幾個字，表示姓名、官職或機構。印文均刻成反體，有陰文、陽文之別。

　　陰文是指表面凹下的文字或圖案。採用模印或刻畫的方法，形成低於器物平面的文字或圖案；陽文是指表面凸起的文字或者圖案。採用模印、刀刻、筆堆等方法，出現高出器物平面的文字圖案等。

　　在紙沒有出現之前，公文或書信都寫在簡牘上，寫好之後，用繩紮好，在結紮處放黏性泥封結，將印章蓋在泥上，稱為「泥封」。泥封就是在泥上印刷，這是當時保密的一種手段。

古代文書都用刀刻或用漆寫在竹簡或木札上，發送時裝在一定形式的鬥槽裡，用繩捆上，在打結的地方，填進一塊膠泥，在膠泥上打璽印。

　　如果簡札較多，則裝在一個口袋裡，在扎繩的地方填泥影印，作為信驗，以防私拆。發送物件也常用此法。主要流行於秦、漢。魏晉之後，紙帛盛行，封泥之制漸廢。

　　紙張出現之後，泥封演變為紙封，在幾張公文紙的接縫處或公文紙袋的封口處蓋印。

　　據記載在北齊時期，有人把用於公文紙蓋印的印章做得很大，這種印章就已經很像一塊小小的雕刻版了。

　　戰國時期，中國出現了銅印。銅製的印章，官私皆用。官用代表一定的官階。

　　漢代俸祿在六百石以上者佩之，南朝時期諸州刺史多用銅印，唐代諸司，宋代六部以下用銅印，清代府、州、縣皆用銅印。

　　銅印的印面以方形為主，也可見到極少數的菱形和圓形銅印，印紐的形狀變化較多，有瓦紐、兔紐、獸紐、柄紐、片紐等。

　　古代銅印從印文內容上又可分為官印、人名印、閒章、吉祥語、圖案印、齋室印、收藏印，在古代遺留下的書畫作品或其他文史資料中，人們常常可以看到這類印文。

還有一類是人們不太熟悉的宗教文字印，在宗教印中，最為著名、數量最多的是道教的祕密文字印。在當時，這類印文只有道觀中的住持和少數功法極高的道士才能認得。

至清代，道教中的人開始逐漸忽視這類文字，後來幾乎就沒有人能認識這類文字了。

晉代著名煉丹家葛洪在他的《抱朴子》中提到，道家那時已用四吋見方有一百二十個字的大木印。這已經是一塊小型的雕版了。

佛教徒為了使佛經更加生動，常把佛像印在佛經的卷首，這種手工木印比手繪省事得多。

碑石拓印技術對雕版印刷技術的發明也很有啟發作用。刻石的發明，歷史很早。唐代初期在今陝西省鳳翔縣發現了十座石鼓，它是西元前八世紀春秋時秦國的石刻。

秦始皇出巡，在重要的地方刻石七次。東漢時期石碑盛行。

西元一七五年，蔡邕建議朝廷，在太學門前樹立《詩經》、《尚書》、《周易》、《禮記》、《春秋》、《公羊傳》、《論語》七通儒家經典的石碑，共二十萬九千字，分刻於四十六通石碑上。每碑高一點七五米，寬〇點九米，厚〇點二米，容字五千個，碑的正反面皆刻字。

歷時八年，全部刻成，為當時讀書人的經典，很多人爭相抄寫。

後來特別是魏晉六朝時期，有人趁看管不嚴或無人看管時，用紙將經文拓印下來，自用或出售。結果使其廣為流傳。

拓片是印刷技術產生的重要條件之一。古人發現在石碑上蓋一張微微濕潤的紙，用軟槌輕打，使紙陷入碑面文字凹下處，待紙干後再用布包上棉花，蘸上墨汁，在紙上拍打，紙面上就會留下黑底白字跟石碑一模一樣的字跡。

這樣的方法比手抄簡便可靠。於是，拓印便出現了。

印染技術對雕版印刷也有很大的啟示作用，它是在木板上刻出花紋圖案，用染料印在布上。中國的印花板有凸紋板和鏤空板兩種。

早在六七千年前的新石器時代，我們的祖先就能夠用赤鐵礦粉末將麻布染成紅色。

居住在青海柴達木盆地諾木洪地區的原始部落，能把毛線染成黃、紅、褐、藍等色，織出帶有色彩條紋的毛布。

商周時期，染色技術不斷提高。宮廷手工作坊中設有專職的官吏「染人」來「掌染草」，管理染色生產。染出的顏色也不斷增加。至漢代，染色技術達到了相當高的水平。

古代染色用的染料，大都是天然礦物或植物染料為主。古代原色青、赤、黃、白、黑，稱為「五色」，將原色混合可以得到間色。

青色主要是用從藍草中提取靛藍染成的；赤色最初是用赤鐵礦粉末，後來有用硃砂；黃色早期主要用梔子，後來又有地黃、槐樹花、黃檗、薑黃、柘黃等；白色用硫磺燻蒸漂

白法或天然礦物絹雲母塗染；黑色的植物主要用櫟實、橡實、五倍子、柿葉、冬青葉、栗殼、蓮子殼、鼠尾葉、烏桕葉等。

隨著染色工藝技術的不斷提高和發展，中國古代染出的紡織品顏色也不斷地豐富，出現了紅色、黃色、藍色、綠色等顏色。

中國在織物上印花比畫花、綴花、繡花都晚。現在我們見到的最早印花織物是湖南長沙戰國楚墓出土的印花綢被面。

唐代的印染業相當發達，除織物上的印染花紋的數量、質量都有所提高外，還出現了一些新的印染工藝。特別是在甘肅省敦煌出土的唐代用凸版拓印的團窠對禽紋絹，這是自東漢時期隱沒了的凸版印花技術的再現。

從出土的唐代紡織品中還發現了若干不見於記載的印染工藝。至宋代，中國的印染技術已經比較全面，色譜也較齊備。

明清時期，染料應用技術已經達到相當的水平，染坊也有了很大的發展。乾隆時期的染工有藍坊，染天青、淡青、月下白；有紅坊，染大紅、露桃紅；有漂坊，染黃糙為白；有雜色坊，染黃、綠、黑、紫、蝦、青、佛面金等。

明清時期的印花技術也有了發展，出現了比較複雜的工藝。至西元一八三四年法國的佩羅印花機發明以前，中國一直擁有世界上最先進的手工印染技術。

造紙術發明後，這種技術就可能用於印刷方面，只要把布改成紙，把染料改成墨，印出來的東西，就成為雕版印刷品了。在敦煌石窟中就有唐代凸版和鏤空板紙印的佛像。

　　總之，印章、拓印、印染技術三者相互啟發，相互融合，再加上中國人民的經驗和智慧，雕版印刷技術就應運而生了。

閱讀連結

　　秦代以前，無論官、私印都稱「璽」，秦統一六國後，規定皇帝的印獨稱「璽」，臣民只稱「印」。漢代也有諸侯王、王太后稱為「璽」的。

　　漢代將軍印稱「章」。之後，印章根據歷代人民的習慣有印章、印信、朱記、戳子等各種稱呼。印章用朱色鈐蓋，除日常應用外，又多用於書畫題識，遂成為中國特有的藝術品之一。古代多用銅、銀、金、玉、琉璃等為印材，後有牙、角、木、水晶等，元代以後盛行石章。

▌雕版印刷術的發明

■傳統雕版

創始發明：四大發明與歷史價值

文明先導 印刷術

雕版即刻書，一作刻版。中國古代四大發明之一的印刷術即雕版印刷術。

在隋末唐初，由於大規模的農民大起義，推動了社會生產的發展，文化事業也跟著繁榮起來，客觀上產生了雕版印刷的迫切需要，促進了雕版印刷的產生。

唐太宗執政時，長孫皇后收集封建社會中婦女典型人物的故事，編寫了一本叫《女則》的書。

長孫氏寫《女則》時非常用心，最難能可貴的是，她並不想用舞文弄墨來沽名釣譽。是用來告誡自己如何做一個稱職的皇后。

西元六三六年，長孫皇后去世了，宮中有人把這本書送到唐太宗那裡。唐太宗看到之後，熱淚奪眶而下，感到「失一良佐」，從此不再立后。並下令用雕版印刷把它印出來。

在當時，民間已經開始用雕版印刷來印行書籍了，所以唐太宗才想到把《女則》印出來。《女則》由此成為中國最早雕版印刷的書。

雕版印刷的發明時間是在隋末至唐初這段時間。考古工作者在敦煌千佛洞裡發現一本印刷精美的《金剛經》，末尾題有「咸同九年四月十五日」等字樣，這是當前世界上最早的有明確日期記載的印刷品。

雕版印刷的印品，可能開始只在民間流行，並有一個與手抄本並存的時期。

唐穆宗時，詩人元稹為白居易的《長慶集》作序中有「牛童馬走之口無不道，至於繕寫模勒，燁賣於市井」。「模勒」就是模刻，「燁賣」就是叫賣。這說明當時的上層知識分子白居易的詩的傳播，除了手抄本之外，已有印本。

由於唐代科技文化繁榮，印刷術在唐代取得了長足進步，印刷業已經形成規模。

當時劍南、兩川和淮南道的人民。都用雕版印刷曆書在街上出賣。每年，管曆法的司天臺還沒有奏請頒發新曆，老百姓印的新曆卻已到處都是了。

西元八八一年，有兩個人印的曆書，在月大月小上差了一天，發生了爭執。一個地方官知道了，就說：「大家都是同行做生意，相差一天半天又有什麼關係呢？」

曆書怎麼可以差一天呢？那個地方官的說法真叫人笑掉大牙。這件事情說明，單是江東地方，就起碼有兩家以上印刷曆書。

不僅當時印曆書，還在印其他類型的書籍。歷史學家向達在《唐代刊書考》中說：「中國印刷術之起源與佛教有密切之關係。」歷史的記載和實物的發現，都證明了佛教僧侶對印刷術的發明和發展是有貢獻的。

唐代的佛教十分發達，曾派高僧玄奘西遊印度十七年，取回二十五匹馬馱的大小乘經律論兩百五十二夾，六百五十七部。

創始發明：四大發明與歷史價值

文明先導 印刷術

　　當時，各地寺院林立，僧侶人數很多，對佛教宣傳品需求量也很大，因此，他們是印刷術的積極使用者。在這個時期，出現了許多佛教印刷物，這些即是早期的印刷物。

　　早期的佛教印刷品，只是將佛像雕在木版上，進行大批量印刷。唐代末期馮贄在《雲仙散錄》中，記載了西元六四五年之後，「玄奘以回鋒紙印普賢像，施於四眾，每歲五馱無餘。」

　　這是最早關於佛教印刷的記載，印刷品只是一張佛像，而且每年印量都很大，遺憾的是未流傳下來。

　　現存最早有明確日期記載和精美扉畫的唐代佛教印刷品，是雕版印刷、捲軸裝訂的《金剛經》，其全稱為《金剛般若波羅蜜經》。

　　這件印刷品於二十世紀初發現於敦煌莫高窟石窟，由於得利於這裡的乾燥氣候，雖經千年存放，發現時仍完整如新。但它於一九○七年被英籍葡萄牙人斯坦因盜走，現藏於英國倫敦博物館。

　　這件印刷品有明確的年代記載，證明是西元八六八年的雕版印刷品。是由六個印張黏接起來十六米長的經卷。

　　卷子前邊有一幅題為《祇樹給孤獨園》圖畫。內容是釋迦牟尼佛在竹林精舍向長老須菩提說法的故事。卷末刻印有「咸通九年四月十五日王為二親敬造普施」題字。

　　經卷首尾完整，圖文渾樸凝重，刻畫精美，文字古拙遒勁，刀法純熟，墨色均勻，印刷清晰，表明是一份印刷技術已臻成熟的作品，絕非是印刷術初期的產物。

這也是至今存於世的中國早期印刷品實物中唯一的一份本身留有明確、完整的刻印年代的印品。

　　唐代印刷術的發展為畢昇發明活字印刷打下了堅實基礎，也為印刷技術的進步造成了重大促進作用。

　　北宋時期科學家沈括在《夢溪筆談》中說，雕版印刷在五代時期開始印製大部儒家書籍，以後，經典皆為版刻本。

　　宋代，雕版印刷已發展至全盛時代，各種印本甚多。較好的雕版材料多用梨木、棗木。對刻印無價值的書，有以「災及梨棗」的成語來諷刺，意思是白白糟蹋了梨、棗樹木。可見當時刻書風行一時。

　　雕版印刷開始只有單色印刷，五代時期有人在插圖墨印輪廓線內用筆添上不同的顏色，以增加視覺效果。天津楊柳青版畫現在仍然採用這種方法生產。

　　將幾種不同的色料，同時上在一塊板上的不同部位，一次印於紙上，印出彩色印張，這種方法稱為「單版複色印刷法」。用這種方法，宋代曾印過交子，即當時發行的紙幣。

　　單版複色印刷色料容易混雜滲透，而且色塊界限分明顯得呆板。人們在實際探索中，發現了分板著色，分次印刷的方法，這就是用大小相同的幾塊印刷板分別載上不同的色料，再分次印於同一張紙上，這種方法稱為「多版複色印刷」，又稱「套版印刷」。

　　多版複色印刷的發明時間不會晚於元代，在明代獲得較大的發展。明代初期，《南藏》和許多官刻書都是在南京刻

板。明代設立經廠，永樂的《北藏》，正統的道藏都是由經廠刻板。明清兩代，南京和北京是雕版中心。

清英武殿本及雍正《龍藏》，都是在北京刻板。嘉靖以後，至十六世紀中葉，南京成了彩色套印中心。

雕刻以杜梨木、棗木、紅樺木等做版材。一般工藝是：將木板鋸成一頁書面大小，水浸月餘，刨光陰乾，搽上豆油備用。刮平木板並用木賊草磨光，反貼寫樣，等木板乾透之後，用木賊草磨去寫紙，使反寫黑字緊貼在板面上，就可以開始刻字了。

第一步叫「發刀」，先用平口刀刻直欄線，隨即刻字，次序是先將每字的橫筆都刻一刀，再按撇、捺、點、豎，自左而右各刻一刀，橫筆宜平宜細，豎宜直，粗於橫筆。

接著就是「挑刀」，據發刀所刻刀痕，逐字細刻，字面各筆略有坡度，呈梯形狀。

挑刀結束後，用鏟鑿逐字剔淨字內餘木，術語叫「剔髒」。再用月牙形彎口鑿，以木槌仔細敲鑿，除淨沒有字處的多餘木頭。

最後，鋸去版框欄線外多餘的木板，刨修整齊，叫「鋸邊」。至此雕版完工，可以開始印刷了。

印書的時候，先用一把刷子蘸了墨，在雕好的板上刷一下。接著，用白紙覆蓋在板上，另外拿一把乾淨的刷子在紙背上輕輕刷一下，把紙拿下來，一頁書就印好了。一頁一頁印好以後，裝訂成冊，一本書也就成功了。

這種印刷方法，是在木板上雕好字再印的，所以大家稱它為「雕版印刷」。

　　雕版印刷的過程大致是這樣的：將書稿的清樣寫好後，使有字的一面貼在板上，即可刻字，刻工用不同形式的刻刀將木版上的反體字墨跡刻成凸起的陽文。同時將其餘空白部分剔除，使之凹陷。板面所刻出的字約凸出版面。用熱水沖洗雕好的板，刻板過程就完成了。

　　印刷時，用圓柱形平底刷蘸墨汁，均勻刷於板面上，再小心把紙覆蓋在板面上，用刷子輕輕刷紙，紙上便印出文字或圖畫的正像。將紙從印版上揭起，陰乾，印製過程就完成了。

　　雕版印刷的印刷過程，有點像拓印，但是雕版上的字是陽文反字，而一般碑石的字是陰文正字。此外，拓印的墨施在紙上，雕版印刷的墨施在版上。由此可見，雕版印刷是一項創新技術。

　　雕版印刷的發展，為活字排版印刷的出現打下了良好基礎，此時，活字排版印刷已經是呼之欲出了。

閱讀連結

　　唐太宗的皇后長孫氏是歷史上有名的一位賢德的皇后，她坤厚載物，德合無疆，為後世皇后之楷模。長孫皇后曾編寫一本書，名為《女則》。書中採集古代后妃的得失事例並加以評論，用來教導自己如何做好一位稱職的皇后。

西元六三六年，長孫皇后去世，宮女把這本書送到唐太宗那裡。唐太宗看後慟哭，對近臣說：「皇后此書，足可垂於後代。」並下令把它印刷發行。宋以後，因女子不得干政，《女則》這部后妃教科書失去了其應有的價值，最終失傳。

畢昇發明活字印刷術

■畢昇塑像

畢昇是北宋時期人，是中國歷史上著名的發明家，發明了活字版印刷術。

畢昇總結了歷代雕版印刷的豐富的實踐經驗，經過反覆試驗，於宋仁宗慶歷年間發明膠泥活字印刷技術，實行排版印刷，完成了印刷史上一項重大的革命。

他的字印為沈括家人收藏，其事跡見於沈括所著《夢溪筆談》中。

北宋慶歷年間，畢昇為書肆刻工，用新的活字印刷方法，使印刷效率一下子提高了幾十倍。他的師弟們大為驚奇，紛紛向師兄取經。

畢昇一邊演示，一邊講解，毫無保留地把自己的發明介紹給師弟們。

畢昇先將細膩的膠泥製成小型方塊，一個個刻上凸面反手字，用火燒硬，按照韻母分別放在木格子裡。然後在一塊鐵板上鋪上黏合劑，如松香、蠟和紙灰，按照字句段落將一個個字印依次排放，再在四周圍上鐵框，用火加熱。

待黏合劑稍微冷卻時，用平板把版面壓平，完全冷卻後就可以印了。印完後，畢昇把印版用火一烘，黏合劑熔化，拆下一個個活字，留著下次排版再用。

師弟們禁不住嘖嘖讚歎。一位小師弟說：「《大藏經》五千多卷，雕了十三萬塊木板，一間屋子都裝不下，花了多少年心血！如果用師兄的辦法，幾個月就能完成。師兄，你是怎麼想出這麼巧妙的辦法的？」

「是我的兩個兒子教我的！」畢昇說。

「你兒子？怎麼可能呢？他們只會『過家家』。」

「你說對了！就靠這『過家家』。」畢昇笑著說，「去年清明前，我帶著妻兒回鄉祭祖。有一天，兩個兒子玩過家家，用泥做成了鍋、碗、桌、椅、豬、人，隨心所欲地排來排去。我的眼前忽然一亮，當時我就想，我何不也來玩過家家：用泥刻成單字印章，不就可以隨意排列，排成文章嗎？哈哈！這不是兒子教我的嗎？」

師兄弟們聽了，也哈哈大笑起來。

「但是這過家家，誰家孩子都玩過，師兄們都看過，為什麼偏偏只有你發明了活字印刷呢？」還是那位小師弟問道。

好一會，師傅開了口：「在你們師兄弟中，畢昇最有心。他早就在思索提高工效的新方法了。冰凍三尺非一日之寒啊！」

「哦——」師兄弟們茅塞頓開。

其實在畢昇發明活字印刷術前，雕版印刷被廣泛運用。雕版印刷對文化的傳播起了重大作用，但是也存在明顯缺點：第一，刻版費時費工費料；第二，大批書版存放不便；第三，有錯字不容易更正。

此外，自從有了紙以後，隨著經濟文化的發展，讀書的人多起來了，對書籍的需要量也大大增加了。

至宋代，印刷業更加發達起來，全國各地到處都刻書。

北宋初期，成都印《大藏經》，刻板十三萬塊；北宋朝廷的教育機構國子監，印經史方面的書籍，刻板十多萬塊。

從這兩個數字，可以看出當時印刷業規模之大。宋代雕版印刷的書籍，現在知道的就有七百多種，而且字體整齊樸素，美觀大方，後來一直為中國人民所珍視。

這些都為活字印刷術的發明提供了經驗、借鑑。由此可見，雖然活字印刷術是畢昇個人的發明創造，但這裡面確實凝聚著前朝歷代很多勞動者的智慧。

畢昇發明的活字印刷術，改進了雕版印刷這些缺點。他總結了歷代雕版印刷的豐富的實踐經驗，經過反覆試驗，在西元一○四一年至一○四八年間，製成了膠泥活字，實行排版印刷，完成了印刷史上一項重大的革命。

畢昇發明的活字印刷方法既簡單靈活，又方便輕巧。其製作程式為：先用膠泥做成一個個規格統一的單字，用火燒硬，使其成為膠泥活字。然後把它們分類放在木格中，一般常用字備用幾個至幾十個，以備排版之需。

排版時，用一塊帶框的鐵板作為底托，上面敷一層用松脂、蠟和紙灰混合製成的藥劑，然後把需要的膠泥活字一個個從備用的木格中揀出來，排進框內，排滿就成為一版，再用火烤。

等藥劑稍熔化，用一塊平板把字面壓平，待藥劑冷卻凝固後，就成為版型。印刷時，只要在版型上刷上墨，敷上紙，加上一定壓力，就行了。

印完後，再用火把藥劑烤化，輕輕一抖，膠泥活字便從鐵板上脫落下來，下次又可再用。

畢昇發明的活字印書方法，同今天印書的方法相比，雖然原始了些，但是它從刻製活字、排版到印刷的基本步驟，對後代書籍的印刷產生了深遠的影響。

這種印刷技術不僅促進了中國古代文化事業的繁榮，而且很早就被介紹到國外，為世界文化的發展作出了貢獻。

　　畢昇還試驗過木活字印刷，由於木料紋理疏密不勻，刻製困難，木活字沾水後變形，以及和藥劑黏在一起不容易分開等原因，所以畢昇沒有採用。

　　畢昇的膠泥活字版印書方法，如果只印兩三本，不算省事，如果印成百上千本，工作效率就極其可觀了，不僅能夠節約大量的人力物力，而且可以大大提高印刷的速度和質量，比雕版印刷要優越得多。

　　現代的凸版鉛印，雖然在設備和技術條件上是宋代畢昇的活字印刷術所無法比擬的，但是基本原理和方法是完全相同的。活字印刷術的發明，為人類文化作出了重大貢獻。

　　這中間，平民發明家畢昇的功績是不可磨滅的。可是關於畢昇的生平事跡，後人卻一無所知，幸虧畢昇創造活字印刷術的事跡，比較完整地記錄在北宋時期著名科學家沈括的名著《夢溪筆談》裡。

閱讀連結

　　關於畢昇的職業，以前曾有人作過各種猜測，但最為可靠的說法，畢昇應當是一個從事雕版印刷的工匠。因為只有熟悉或精通雕版技術的人，才有可能成為活字版的發明者。

　　由於畢昇在長期的雕版工作中，發現了雕版印刷的缺點。如果改用活字版，只需雕製一副活字，則可排印任何書籍，活字可以反覆使用。雖然製作活字的工程大一些，但以後排印書籍則十分方便。正是在這種啟示下，畢昇才發明了活字版。

▌印刷術的傳播與影響

■製作鉛字的材料

中國發明的活字印刷術，首先在中國的鄰國傳播，然後傳入歐洲、非洲、美洲各國，開創了世界印刷歷史的新紀元。

印刷術的發明，是人類文明史上的光輝篇章，而建立這一偉績殊勳的莫大光榮屬於中華民族。這一發明創造，對世界上的各行各業都產生了極其深遠的影響。

畢昇發明活字印刷以後，朝鮮人民在中國發明的印刷術的影響下，也開始用活字印刷方法。

朝鮮人首先發明用銅活字印書。《清涼答順宗心要法門》，是世界上現存最早的金屬活字本。

朝鮮人民還創造了自己的木活字，如西元一三七六年朝鮮出現木活字《通鑒綱目》；又創造了鉛活字，如西元一四三六年朝鮮用鉛活字刊印《通鑒綱目》。

十六世紀末，日本用活字刊行《古文孝經》《勸學文》。

創始發明：四大發明與歷史價值

文明先導 印刷術

　　中國的印刷術，透過兩條途徑傳入德國，一條途徑是經俄羅斯傳入德國；一條途徑是透過阿拉伯商人攜帶書籍傳入德國。

　　西元一四四〇年左右，德國發明家約翰內斯·古騰堡以中國書籍作為他的印刷的藍本，將當時歐洲已有的多項技術整合在一起，發明了鉛字的活字印刷，很快在歐洲傳播開來，推進了印刷形成工業化。

　　西班牙歷史學家傳教士岡薩雷斯·德·門多薩在所著《中華大帝國史》中提出，古騰堡受到中國印刷技術影響。法國歷史學家路易·勒·羅伊，文學家米歇爾·德·蒙田等，都同意門多薩的論點。

　　活字印刷術經過德國而迅速傳到其他的十多個國家，促使文藝復興運動的到來。

　　義大利人則將活字印刷傳入歐洲的功勞歸功於倫巴底出生的義大利印書家帕菲洛卡·斯塔爾迪，他見到馬可·波羅從中國帶回來的活字版書籍，採用活字法印書。為此，義大利人特地在他的出生地樹立他的雕像作為紀念。

　　法國漢學家儒蓮，曾將沈括《夢溪筆談》中畢昇發明活字印刷術的一段史料，翻譯成法文。他是最早將畢昇發明活字印刷術的史實，介紹到歐洲的人。

　　十六世紀，活字印刷術傳到非洲、美洲、俄國的莫斯科，十九世紀傳入澳洲。

從十四世紀到十九世紀，畢昇發明的活字印刷術傳遍全世界。全世界人民稱「畢昇是印刷史上的偉大革命家」。此外，印刷術還在意識形態及政治上對世界產生了重大的影響。

　　首先，印刷術打破教會的學術壟斷地位。十六世紀德國宗教改革運動的發起者，新教宗派「路德宗」的奠基人馬丁·路德曾稱印刷術為「上帝至高無上的恩賜，使得福音更能傳揚」。

　　印刷術的傳入，使印本得以廣泛傳播及讀者數量的增加，過去教會對學術的壟斷遭到世俗人士的挑戰。

　　宗教著作的優先地位逐漸為人文主義學者的作品取代，使讀者們對於歷來存在的對古籍中的分歧和矛盾有所認識，因而削弱了對傳統說法的信心，進而為新學問的發展打下了基礎。

　　如果沒有印刷術，新教的主張可能僅限於某些地區，而不會形成一個國際性的重要運動，也就不會永遠結束教士們對學術的壟斷和迷信，進而促成西歐社會早日脫離「黑暗時代」。

　　其次，使書籍留存的機會增加。印本的大量生產，使書籍留存的機會增加，減少手寫本因有限的收藏而遭受絕滅的可能性。

　　印刷使版本統一，這和手抄本不可避免產生的訛誤，有明顯的差異。印刷術本身不能保證文字無誤，但是在印刷前的校對及印刷後的勘誤工作，使得後出的印本更趨完善。

文明先導 印刷術

透過印刷工作者進行的先期編輯，使得書籍的形式日漸統一，而不是像從前手抄者的各隨所好。凡此種種，使讀者養成一種有系統的思想方法，並促進各種不同學科組織的結構方式得以形成。

再次，在印刷術出現以前，世界各國雖然已經有自己的民族文學，但印刷術對它的影響極為深遠。

西歐各民族的口語在十六紀之前已發展為書寫文字，逐漸演進成為現代形式。同時，一些中世紀的書寫文字已在這一過程中消失。

新興的民族國家大力支持民族語文的統一。與此同時，作者們在尋找最佳形式來表達他們的思想；出版商也鼓勵他們用民族語言以擴大讀者市場。

在以民族語言出版書籍越來越容易的情況下，印刷術使各種語文出版物的詞彙、語法、結構、拼法和標點日趨統一。

小說出版廣泛流通以後，通俗語言的地位得到鞏固，而這些通用語言又促進各民族文學和文化的發展，最終導致明確的民族意識的建立和民族主義的產生。

最後，為地位低下的人改善社會處境。印刷促進教育的普及和知識的推廣，使更多人可以獲得知識，因而影響他們的人生觀和世界觀。書籍普及會使人們的識字率提高，反過來又擴大了書籍的需要量。

此外，手工業者從早期印行的手冊、廣告中發覺到，印行這類印刷品可以名利雙收。這樣又提高了他們的閱讀和書寫能力。

印刷術幫助了一些出身低微的人們提高了他們的社會地位。如在早期德國的教會改革中，就有出身鞋匠和鐵匠家庭的教士和牧師。這充分說明，印刷術能為地位低下的人提供改善社會處境的機會。

　　總之，中國發明的印刷術不僅傳遍世界，而且為世界帶來了巨大的變化。

閱讀連結

　　約翰內斯·古騰堡是德國發明家，常被稱為印刷發明家。實際上，早在北宋時期中國就發明了活字，發明者的名字叫畢昇。古騰堡的貢獻是發明了活字印刷術的印刷機，從而使多種多樣的文字材料得到迅速準確的印刷。

　　古騰堡使用金屬的字母排列成印刷的書頁，而且這些字母可以被重新使用，過去的木刻的底板無法重新使用，它們只能印刻在上面的那一頁，而無法用來印其他的頁了。直至今天為止古騰堡的做法還是印刷藝術中的一份珍寶。

▎印刷術的完善與傳承

■王禎雕塑

　　在北宋時期畢昇發明活字印刷術之後，經過歷朝歷代的努力不斷發展，活字原料又有擴展，製作工藝不斷提高，印刷品日益豐富。

　　印刷術不僅推動了社會的進步，科技的發展，而且還同文字一道，記載、傳承了中國乃至整個世界的文明。

　　隨著近代科學技術的飛躍發展，印刷技術也迅速地改變著面貌。在這一過程中，揚州對傳統印刷術的傳承獨具特色。

　　王禎是元代初期農學家，他結合北宋時期畢昇試驗過的木活字經驗，在安徽旌德招請工匠刻製木活字，最後刻成三萬多個。

西元一二九八年，王禎用木活字將自己纂修的《大德旌德縣誌》試印。在不到一個月的時間裡就印了一百部，可見效率之高。這是有記錄的第一部木活字印本的方誌。

王禎創製的木活字，被他記錄在所著的一部總結古代農業生產經驗的著作《農書》中，書中記載了木活字的刻字、修字、選字、排字、印刷等方法。

王禎在印刷技術上的另一個貢獻是發明了轉輪排字盤。由於在原有印刷的揀字工序中，幾萬個活字一字排開，工人穿梭取字很不方便。於是他設計出轉輪排字盤，從而為提高揀字效率和減輕勞動強度創造了條件。

王禎用輕質木材做成一個大輪盤，直徑約七尺，輪軸高三尺，輪盤裝在輪軸上可以自由轉動。

字盤為圓盤狀，分為若干格。下有立軸支承，立軸固定在底座上。把木活字按古代韻書的分類法，分別放入盤內的一個個格子中。

排版時兩人合作，一人讀稿，一人則轉動字盤，方便地取出所需要的字模排入版內。印刷完畢後，將字模逐個還原在格內。這就是王禎所說的「以字就人，按韻取字」。

這樣既提高了排字效率，又減輕了排字工的體力勞動，是排字技術上的一個創舉。

元初重臣和著名理學家姚樞提倡活字印刷，他教子弟楊古用活字版印書，印成了朱熹的《小學》和《近思錄》，以及呂祖謙的《東萊經史論說》等書。

　　不過楊古造泥活字是用畢昇以後宋人改進的技術，並不是畢昇原有的技術。

　　明代木活字本較多，多採用宋元時期傳統技術。西元一五八六年的《唐詩類苑》、《世廟識餘錄》，嘉靖年間的《璧水群英待問會元》等，都是木活字的印本。

　　在清代，木活字技術由於得到政府的支持，獲得空前的發展。康熙年間，木活字本已盛行，大規模用木活字印書，則始於乾隆年間《英武殿聚珍版叢書》的發行。

　　印製該書共刻成大小棗木木活字二十五萬三千五百個。印成《英武殿聚珍版叢書》一百三十四種，兩千三百八十九卷。這是中國古代歷史上規模最大的一次用木活字印書。

　　清代磁版印刷術創造者徐志定，於西元一七一八年製成陶活字，印《周易說略》。他將泥土煅燒後製成活字用以排版印書，採用的仍然是畢昇用過的方法。

　　清代畫家翟金生，因讀沈括的《夢溪筆談》中所述的畢昇泥活字技術，而萌生了用泥活字印書的想法。他歷經三十年，製泥活字十萬多個。西元一八四四年印成了《泥版試印初編》。此後，翟金生又印了許多書。

　　後來的研究者在涇縣發現了翟金生當年所制的泥活字數千枚。這些活字有大小五種型號。翟金生以自己的實踐，證明了畢昇的發明泥活字是可行的，打破了有人對泥活字可行性的懷疑。

銅活字印刷在清代進入新的高潮，最大的工程要算印刷數量達萬卷的《古今圖書集成》了，估計用銅活字達一百萬至兩百萬個。

隨著科學技術的飛躍發展，中國古代傳統印刷術呈現出不同的面貌。在這之中，揚州對傳統印刷術的傳承獨具特色。

揚州剪紙傳承人張秀芳，揚州玉雕傳承人江春源、顧永駿，揚州漆器髹飾技藝傳承人張宇、趙如柏，他們是揚州民間文化的「活化石」，是民族文化的傳承者和創造者。其中著名的是揚州雕版印刷「杭集刻字坊」第三代傳人陳義時。

杭集鎮，是揚州最為著名的雕版印刷之鄉，早在清光緒年間，陳義時的爺爺陳開良即開辦了杭集鎮最大規模的刻字作坊，當時的嫻熟藝人達三十人之多。

後來，陳義時的父親陳正春再接拳刀，接刻了《四明叢書》、《揚州叢刻》、《暖紅室》等揚州歷史上一批著名的古籍，再次將陳家「杭集刻字坊」的牌子做響。

陳義時從十三歲時起正式跟父親學習雕版刻字。當時陳家在杭集開有刻字作坊，陳父則是遠近聞名的雕版師。他們家曾修補了《四明叢書》、《揚州叢刻》、《暖紅室》等著名的古籍。

陳父在彌留之際，把陳義時叫到床邊，叮囑他：「一定要將祖傳的雕版絕技傳下去。」陳義時含淚允諾。

陳義時後來來到了廣陵古籍刻印社，專門進行雕版刻字。一盞檯燈、一隻時鐘、一桌一椅、一把刻刀、一把鏟鑿，這

就是陳義時工作的全部。經他的巧手刻補，許多古籍重現生機。

陳義時一生都和雕版打交道。在刀刻的一筆一畫中，他感受到了中國文字藝術的無窮魅力。

作為一位中國當代雕版大師，也是中國唯一一位雕版國家級工藝美術師，陳義時有信心讓這朵「廣陵奇葩」綻放於文化百花園中。

閱讀連結

王禎在印刷技術上的革新，對中國乃至世界文化的發展作出了可貴的貢獻。

北宋時期畢昇發明的印刷術到元代尚未得到推廣，當時仍在使用雕版印刷術。這種方法不但費工費時，而且所刻雕版一旦印刷完畢大多廢棄無用。

王禎為了使他的《農書》早日出版，便在畢昇膠泥活字印刷術的基礎上試驗研究，終於取得成功。這一方法既節省人力和時間，又可提高印刷效率。轉輪排字法，是王禎的另一發明，為提高揀字效率和減輕勞動強度創造了條件。

水上之友 指南針

指南針是一種判別方位的簡單儀器，又稱「指北針」。它的前身是司南，主要組成部分是一根裝在軸上可以自由轉動的磁針。磁針在地磁場作用下能保持在磁子午線的切線方向上，磁針的南極指向地理的北極，人們利用這一性能可以辨別方向。

指南針在使用過程中不斷完善，期間有許多創建，如發現並考慮到了地磁偏角現象，實現了磁針與羅盤一體化等。

隨著中國對外交往的日益頻繁，中國的指南針傳到西方等國，開啟了世界計量航海新時代，被世人譽為「水上之友」。

▌古人對磁石的運用

■古代棋子

　　指南針的前身是中國古代四大發明之一的司南，其發明是中國在長期的實踐中對物體磁性認識的結果。

　　中國古人由於生產勞動，人們接觸了磁鐵礦，開始了對磁性質的瞭解。經過多方的實驗和研究，終於發明了可以實用的指南針。

　　漢武帝時期，天下眾人皆知漢武帝喜愛奇珍異寶，如果能尋上一兩件討得他的歡心，這一輩子的榮華富貴就享不盡了。

　　當時有一個名叫欒大的方士，他利用磁石的特殊性質做了兩個棋子般的東西，透過調整兩個棋子極性的相互位置，有時兩個棋子相互吸引，有時相互排斥。欒大稱其為「鬥棋」。

漢武帝見過很多鬥棋，黃金造的、瑪瑙造的、象牙造的，天下該有的他應有盡有。所以他一見到這副棋，立刻就沒了興致，不相信這個黑漆漆的鐵疙瘩有什麼非同尋常之處。

　　欒大也沒多解釋，只是淡淡說了一句：「陛下，您看好了。」說著，從袋子裡摸出幾枚棋子，往棋盤上輕輕一擺。

　　奇怪的事發生了，那幾枚不起眼的棋子突然好像活了一樣，自動在棋盤上碰撞打鬥起來，直看得漢武帝目瞪口呆，老半天才緩過神，忍不住連聲稱奇。

　　欒大見龍顏大悅，心裡竊喜，垂手退到一邊等待著漢武帝的獎賞。

　　漢武帝驚奇不已，封欒大為「五利將軍」。

　　其實，棋子相互吸引碰擊並不奇怪，欒大只不過是充分利用了磁石的吸鐵功能罷了，但漢武帝卻不曉得這裡面的道理。

　　這樣的故事還很多。《晉書·馬隆傳》記載馬隆率兵西進甘、陝一帶，在敵人必經的狹窄道路兩旁，堆放磁石。穿著鐵甲的敵兵路過時，被牢牢吸住，不能動彈了。

　　馬隆的士兵穿犀甲，磁石對他們沒有什麼作用，可自由行動。敵人以為神兵，不戰而退。

　　中國古代對磁性的認識和利用，在世界上是比較早的，在很多古籍中都有記載。

創始發明：四大發明與歷史價值
水上之友 指南針

　　古代人認識磁性，是從發現磁鐵礦具有磁性開始的。古代人把磁鐵礦稱為「磁石」、「慈石」，又把磁鐵礦中具有極強磁性的亞種稱作「玄石」。

　　東漢時期的《異物誌》記載了在南海諸島周圍有一些暗礁淺灘含有磁石，磁石經常把「以鐵葉錮之」的船吸住，使其難以脫身。

　　魏晉南北朝時期，中國先民對磁石的性質已有了很多認識。連當時的詩人曹植在詩中也用過「磁石引鐵，於金不連」的句子，可見他也瞭解磁石的性質。

　　南北朝梁代的陶弘景在《名醫別錄》中提出了磁力測量的方法，他指出，優良磁石出產在南方，磁性很強，能吸三根鐵針，使三根針首尾相連掛在磁石上。

　　磁性更強的磁石，能吸引十多根鐵針，甚至能吸住一兩公斤重的刀器。

　　陶弘景不僅提出了磁性有強弱之分，而且指出了測量方法。這可能是世界上有關磁力測量的最早記載。

　　古人對磁石的認識在醫學上多有體現。古代先民在對磁現象的觀察和研究的過程中，進一步瞭解了磁的性質，並試圖更多地應用這些性質，比如歷代都有應用磁石治病的記載。

　　據戰國末期成書的《管子》和《呂氏春秋》記載，中國古人在兩千多年前就發現山上的一種石頭具有吸鐵的神奇特性，他們管這種石頭叫「磁石」。

在西漢時期史學家司馬遷的《史記》書中的「倉公傳」便講到齊王侍醫利用 5 種礦物藥治病的事。這五種礦物藥是指磁石、丹砂、雄黃、礬石和曾青。

在東漢時期的《神農本草》藥書中，講到了利用味道辛寒的磁石治療風濕、肢節痛、除熱和耳聾等疾病。

南北朝時期陶弘景在《名醫別錄》醫藥書中，也講到磁石養腎臟，強骨氣，通關節，消痛腫等。

唐代醫藥學家孫思邈著的《千金方》藥書中講到用磁石製成的蜜丸，經常服用可以對眼力有益。

北宋時期醫學家王懷隱等著的《太平聖惠方》中還講到磁石可以醫治兒童誤吞針的傷害，這就是把棗核大的磁石，磨光鑽孔穿上絲線後投入喉內，便可以把誤吞的針吸出來。

在南宋時期醫學家嚴用和著的《濟生方》醫藥書中，又講到利用磁石醫治聽力不好的耳病，這是將一塊豆大的磁石用新綿塞入耳內，再在口中含一塊生鐵，便可改善病耳的聽力。

在明代著名藥學家李時珍著的《本草綱目》中，關於醫藥用磁石的記述內容豐富並具總結性，對磁石形狀、主治病名、藥劑製法和多種應用的描述都很詳細。

例如磁石治療的疾病就有耳卒聾閉、腎虛耳聾、老人耳聾、老人虛損、眼昏內障、小兒驚癇、子宮不收、大腸脫肛、金瘡瘍出、金瘡血出、誤吞針鐵、腫熱毒、諸般腫毒等多種疾病，利用磁石製成的藥劑有磁朱丸、紫雪散和耳聾左慈丸等。

　　總的說來，在各個朝代的醫藥書中常有用磁石治療多種疾病的記載。

　　中國先民對磁石的性質研究和利用，是指南針發明和發展的原始基礎。事實上，指南針的發明，就是古代先民對磁現象的觀察和研究的結果。

閱讀連結

　　西元前二二一年，秦始皇統一六國後，在咸陽修造阿房宮。據說，宮中有一座門，是用磁石做的，也叫「卻胡門」。

　　磁石有吸鐵的特性，如果有人穿著盔甲或身上暗藏兵器入室，那就會被磁石門吸住，這樣，秦始皇住在裡面，就不怕有人去暗殺他了。

　　秦始皇曾經三次遇刺，西元前二二七年荊軻刺秦；西元前二一八年博浪沙遇刺；西元前二一六年「逢盜蘭池」，因此他想到一種防範措施。秦始皇利用「磁石召鐵」的性能，「以磁石為門」也算是別具匠心的一種創造。

　　古人把磁石比喻為「慈母」，後人則稱它為「吸鐵石」或「磁鐵」。磁鐵的用途很廣，早在戰國時，就已被人用來做一種指示方向的儀器司南了。

　　司南是用天然磁鐵礦石琢成一個勺形的東西，放在一個光滑的盤上，盤上刻著方位，利用磁鐵指南的作用，可以辨別方向，是現在所用指南針的始祖。

司南的發明及運用

　　相傳在四千多年前，在北方中原地區，黃帝和蚩尤發生「涿鹿之戰」，戰鬥持續了半年沒有分出勝負。

　　應該說，黃帝在這場戰鬥中能夠取勝，因為他的部落是一個比較強大的部落，而且他代表著正義。

　　但是，每當戰鬥即將勝利之時，總是有大霧迷漫四周山野，讓人辨不出方向，所以總是前功盡棄。黃帝決定派人探個究竟，這霧到底是怎麼引起的。

　　於是派一個重要將領隨自己上山，偵察蚩尤部落的動靜。

　　黃帝等人到了山上後，各處山谷裡晚霞即將落山，霧悄然瀰漫山頭，好像一個惡靈，尋找安息之處，緩緩飄來。只見霧海起伏，互相追逐，猶如險惡的海面上的波濤，慢慢封閉了所有景物。

創始發明：四大發明與歷史價值

水上之友 指南針

　　就在黃帝準備命令返營時，身邊的大將突然發現了一個奇蹟。

　　黃帝隨著大將手指的方向望去，只見在蚩尤的大營中，蚩尤正坐在祭壇上，徐徐作霧，霧從他的口中吐出，飛出營外，縈繞著山川原野。

　　黃帝想起這不是自然界之霧，如想破掉霧，必須造出一樣東西，使人能夠辨別方向，然後才可一舉破之。

　　黃帝回營後，立即吩咐能工巧匠造指南車，讓指南車認出方向。

　　在指南車造好後的一個黃昏，黃帝率領部落，大舉進攻蚩尤。這時蚩尤作霧已不靈了，黃帝部落在指南車的指引下，大敗蚩尤，結果蚩尤慘敗，黃帝大勝。

　　在這個傳說中，指南車之說是否確切，還有待考證。然而，利用磁鐵的特性製造指南針，卻是中國人最早發明的。指南針的發明可以追溯至周代，距今已有兩千五百年至三千年的歷史。

　　大約在春秋戰國時代，中國古人就已經發現了磁石和它的吸鐵性。《韓非子·有度篇》記載：

　　先王立司南以端朝夕。

　　這裡的「先王」是周王，「司南」就是指南針，「端朝夕」是正四方的意思，是指指南針的用途。

　　春秋時齊國著名政治家管仲在他所著的《管子》一書中有這樣記載：「上有慈石者，下有銅金。」

「慈石」就是磁石，「銅金」就是一種鐵礦。可見至少在兩千六百年前的管仲時期，就已經知道磁石的存在，並已掌握了磁石能夠吸鐵這一性能了。

磁石有兩個特性，一是吸鐵性；二是指極性。也就是說磁石有兩極，能夠指示南北。磁石的吸鐵特性戰國時代的先民都已發現，而發現磁石的指極性歐洲則比中國晚得多。

磁石能指示南北的特性，不太容易被發現。因為一般情況下磁力小、摩擦力大，磁石兩極不能自由旋轉到南北向。

中國在戰國時代最早發現了磁石的指極性，並利用磁石能指示方向的性能，製成指南工具司南。司南是中國也是世界上最早的指南針。

司南是用天然磁石製成的，樣子像一把湯勺，圓底，可以放在平滑的「地盤」上並保持平衡，而且可以自由旋轉。當它靜止的時候，勺柄就會指向南方。

春秋時代，人們已經能夠將硬度五度至七度的軟玉和硬玉思索成各種形狀的器具，因此也能將硬度只有五點五度至六點五度的天然磁石製成司南。

東漢時期思想家王充在他的著作《論衡》中，對司南的形狀和用法做了明確的記錄。

司南是用整塊天然磁石經過思索製成勺型，勺柄指南極，並使整個勺的重心恰好落到勺底的正中。勺置於光滑的地盤之中，地盤外方內圓，四周刻有干支四維，合成二十四向。

這樣的設計是古人認真觀察了許多自然界有關磁的現象，積累了大量的知識和經驗，經過長期的研究才完成的。

據史載，司南出現後，有人到山中去採玉，怕迷失路途，就隨身帶有司南，以辨方向。

司南的出現是人們對磁體指極性認識的實際應用。但司南也有許多缺陷，天然磁體不易找到，在加工時容易因打擊、受熱而失磁，所以司南的磁性比較弱。

同時，司南與地盤接觸處要非常光滑，否則會因轉動摩擦阻力過大，而難於旋轉，無法達到預期的指南效果。而且司南有一定的體積和重量，攜帶很不方便，這可能是司南長期未得到廣泛應用的主要原因。

閱讀連結

王充是個學識超群的大學問家。

有一天路過街頭，見一個道人盤腿而坐，面前放著一尊金佛，黃綾上寫著「如來算命」四個字。那道人口裡還唸唸有詞。於是決定戳破這個騙局。

第二天王充帶了個泥塑金像找到那個老道，佯笑說：「請試試這個如來菩薩靈不靈。」老道一愣，慌忙拿起那尊小金佛溜了。

原來，老道的佛像是鐵製的，金戒尺則一頭是鐵，一頭是磁石。如要佛像點頭，便握鐵質的一端，使磁石的一端在佛像頭部繞動，則像頭隨尺而動。

▍指南針的發明與改進

■宋代瓷碗水浮針

中國指南針的發明經過漫長的歲月。古人在發明了司南之後，不斷在進行改進，運用人工磁化方法製成一種新的指南工具指南魚、指南龜，以及水浮針。

指南針作為一種指向儀器，被廣泛應用於軍事、測量和日常生活之中。其最大的歷史功績，是用於海上導航，而水浮針則是當時最重要的導航工具。後來人們在此基礎上發明了羅盤，即將指南針裝入有方位的盤中，非常精確，使航海技術得到提高。

古人在使用新指南工具的同時，還發現了地磁偏角現象，給後人以極大啟發。

據說秦始皇在位時，身邊網羅了一批術士來為他尋求長生不老之藥。

有一天，一位叫徐福的術士奏本說：「在東方的大海上有三座神山，名叫蓬萊、方丈、瀛洲，仙人們都在那裡居住。請皇帝讓我率領一批男女兒童前往尋求。」

秦始皇很高興，馬上選派了幾千名兒童，又為他造了艘大船，讓他從現在的山東日照縣附近出海，尋求不老之藥。誰知徐福一去不返，不知道他把這些男女少年帶到了何方。

幾千年過去了，秦始皇早已成為歷史的陳跡。但徐福渡海求藥的故事並沒有被人們忘記。如果情形真是如此的話，那麼徐福可以算得上中國航海家中的先驅人物。

事實上，古代先民們面對茫茫海洋，雖然有探險探祕的願望，但總是無法如願。

出海困難並非是由於造船技術限制了古人們的越洋交流，更主要的原因是由於當時在海上無法辨別方向，方向不明。縱然有可以橫渡大洋的船隻，也會在海上迷路，最終葬身海底。

因此，指南針的發明可以說是給海船裝上了眼睛，為航海業的發展提供了最基本的技術條件。

指南針是中國最早發明的，但它是經過漫長的歲月逐漸發展改進而成的。

司南發明後，古人能夠在遠行中辨別方向。但司南有侷限性，用磁石製造司南，磁極不易找準，而且在琢製的過程中，磁石因受震動而會失去部分磁性。

再加上司南在使用時底盤必須放平，體積比較大，所以在使用時，很難令人滿意。因此，古人在發明了司南之後，不斷地進行改進。

繼司南之後，我們的祖先又製成了一種新的指南工具，即指南魚。

　　北宋時期，農業、手工業和商業都有了新的發展。在這個基礎上，中國的科學技術獲得了輝煌的成就。宋代時候，中國在指南針的製造方面，跟造紙法和印刷術一樣，也有很大的發展。

　　當時有一部官編的軍事著作叫《武經總要》，其中記載：行軍的時候，如果遇到陰天黑夜，無法辨明方向，就應當讓老馬在前面帶路，或者用指南車和指南魚辨別方向。

　　《武經總要》這部書是在西元一○四四年以前寫成的。這就是說，在那個時候，中國已經有指南魚，並且把它應用到軍事方面去了。

　　指南魚是用一塊薄薄的鋼片做成的，形狀很像一條魚。它有兩寸長，五吋寬，魚的肚皮部分凹下去一些，可以像小船一樣浮在水面上。

　　鋼片做成的魚沒有磁性，所以沒有指南的作用。如果要它指南，還必須再用人工傳磁的辦法，使它變成磁鐵具有磁性。

　　關於怎樣進行人工傳磁，《武經總要》記載：把燒紅的鐵片放置在子午線的方向上。鐵片燒紅後，溫度高於磁性轉變點時的溫度，鐵片中的無序狀態的磁疇便瓦解而成為順磁體，蘸水淬火後，磁疇又形成，但在地磁場作用下磁疇排列有方向性，故能指南北。

創始發明：四大發明與歷史價值

水上之友 指南針

　　中國古人發明用人造磁鐵做指南魚，這是一個很大的進步。這說明中國古人很早就已具有相當豐富的磁鐵知識了。

　　就在鋼片指南魚發明後不久，又有人發明了用鋼針來指南。這種人工磁化的小鋼針，可算是世界上最早製成的真正的指南針了。

　　北宋時期科學家沈括在《夢溪筆談》中提到一種人工磁化的方法：技術人員用磁石摩擦縫衣針，就能使針帶上磁性。

　　從現在觀點來看，這是一種利用天然磁石的磁場作用，使鋼針內部磁疇的排列趨於某一方向，從而使鋼針顯示出磁性。

　　這種方法比地磁法簡單，而且磁化效果比地磁法好，摩擦法的發明不但世界最早，而且為有實用價值的磁指向器的出現，創造了條件。

　　關於磁針的裝置方法，沈括主要介紹了四種方法：

　　一是水浮法，就是將磁針上穿幾根燈芯草浮在水面，就可以指示方向。

　　二是碗唇旋定法，就是將磁針擱在碗口邊緣，磁針可以旋轉指示方向。

　　三是指甲旋定法，就把磁針擱在手指甲上面由於指甲面光滑，磁針可以旋轉自如指示方向。

　　四是縷懸法，就是磁針中部塗一些蠟，黏一根蠶絲，掛在沒有風的地方，就可以指示方向了。

沈括還對四種方法進行比較，他指出，水浮法的最大缺點，水面容易晃動影響測量結果。碗唇旋定法和指甲旋定法，由於摩擦力小，轉動很靈活，但容易掉落。

　　沈括比較推崇的是縷懸法，他認為這是比較理想而又切實可行的方法。沈括指出的四種方法，已經歸納了迄今為止指南針裝置的兩大體系，即水針和旱針。

　　另外，由於長江黃河流域一帶地磁有大約五十度左右的傾角，如水平放置指南魚，則只有水平方向份量起作用，而以一定角度放入水中，則使魚磁化的有效磁場強度增大，磁化效果更好。

　　長江黃河流域一帶的地磁傾角，這一現象後來被稱為磁偏角。沈括在《夢溪筆談》第二十四卷中寫道，磁針能指南，「然常微偏東，不全南也」。

　　這是世界上現存最早的磁偏角記錄。在西方，直至西元一四九二年哥倫布在橫渡大西洋時才發現磁偏角這一現象，比沈括晚了四百多年。

　　磁偏角是指磁針靜止時，所指的北方與真正北方的夾角。各個地方的磁偏角不同，而且，由於磁極也處在運動之中，某一地點磁偏角會隨之而改變。

　　在正常情況下，中國磁偏角最大可達六度，一般情況為兩三度。東經二十五度地區，磁偏角在一兩度之間；北緯二十五度以上地區，磁偏角大於兩度；若在西經低緯度地區，磁偏角是五度至二十度；西經四十五度以上，磁偏角為

二十五度至五十度。毫無疑問，沈括對磁偏角的發現與認識啟發了後人。

南宋學者陳元靚在《事林廣記》仲介紹了另一類指南魚和指南龜的製作方法。

這種指南魚與《武經總要》一書記載的不一樣，是用木頭刻成魚形，有手指那麼大。木魚腹中置入一塊天然磁鐵，磁鐵的 S 極指向魚頭，用蠟封好後，從魚口插入一根針，就成為指南魚。將其浮於水面，魚頭指南，這也是水針的一類。

指南龜也是南宋時期流行的一種新裝置，將一塊天然磁石放置在木刻龜的腹內，在木龜腹下方挖一光滑的小孔，對準並放置在直立於木板上的頂端尖滑的竹釘上，這樣木龜就被放置在一個固定的、可以自由旋轉的支點上了。由於支點處摩擦力很小，木龜可以自由轉動指南。

這種木頭指南魚和指南龜，很可能是一些懂得方術的方士創造的，做成以後只是用來變戲法。所以《事林廣記》的作者，把它們當作「神仙幻術」了。

當時它並沒有用於航海指向，而用於幻術。但是這就是後來出現的旱羅盤的先驅。

人工磁化方法的發明，對指南針的應用和發展起了巨大的作用，在磁學和地磁學的發展史上也是一件大事。

閱讀連結

北宋時期科學家沈括的科學成就是多方面的。

他提倡的新曆法，與今天的陽曆相似；記錄了指南針原理及多種製作法，發現地磁偏角的存在，闡述凹面鏡成像的原理，對共振等規律加以研究；他對於有效的藥方，多有記錄，並有多部醫學著作；他創立「隙積術」和「會圓術」；他對沖積平原形成、水的侵蝕作用等都有研究，並首先提出石油的命名。

　　此外，他對當時科學發展和生產技術的情況，如畢昇發明的活字印刷術、金屬冶煉的方法等皆詳為記錄。

▎指南針與羅盤一體化

■古代羅盤

　　要確定方向，除了指南針之外，還需要有方位盤相配合。最初使用指南針時，可能沒有固定的方位盤，隨著生產生活的需要，出現了磁針和方位盤一體的羅盤。

　　指南針與羅盤的結合，是中國古代利用磁針的一大進步，使指南針的使用功能更加健全。

創始發明：四大發明與歷史價值

水上之友 指南針

　　在指南針發明以前，中國古人很早就用羅盤來分辨地平方位。

　　羅盤的發明和應用，是人類對宇宙、社會和人生的奧祕不斷探索的結果。羅盤上逐漸增多的圈層和日益複雜的指針系統，代表了人類不斷積累的實踐經驗。

　　中國古人認為，人的氣場受宇宙的氣場控制，人與宇宙和諧就是吉，人與宇宙不和諧就是凶。

　　於是，人們憑著經驗把宇宙中各個層次的訊息，如天上的星宿、地上以五行為代表的萬事萬物、天干地支等，全部放在羅盤上。

　　羅盤是風水師的工具，可以說是風水師的飯碗。儘管風水學中沒有提到磁場的概念，但是羅盤上各圈層之間所講究的方向、方位、間隔的配合，卻暗含了磁場的規律。風水師透過磁針的轉動，尋找最適合特定人或特定事的方位或時間。

　　在古代，如果一個風水從業人員，不管是名師也好，或是新入道的風水學徒，如果沒有接受師之衣鉢，就不具備師承之關鍵技術祕術，通常不具備嫡傳傳承資格。

　　當然，這些經驗是否全面和正確還有待於進一步研究，但是羅盤上所標示的訊息卻蘊含了先民大量古老智慧。

　　羅盤由三大部分組成，分別是天池、內盤和外盤。每一個部分都有不同的功能和用途。

　　天池也叫「海底」，就是指南針。羅盤的天池由頂針、磁針、海底線、圓柱形外盒、玻璃蓋組成，固定在內盤中央。

圓盒底面的中央有一個尖頭的頂針，磁針的底面中央有一凹孔，磁針置放在頂針上。指南針有箭頭的那端所指的方位是南，另一端指向北方。

天池的底面上繪有一條紅線，稱為「海底線」，在北端兩側有兩個紅點，使用時要使磁針的指北端與海底線重合。

內盤就是緊鄰指南針外面那個可以轉動的圓盤。內盤面上印有許多同心的圓圈，一個圈就叫一層。各層劃分為不同的等份，有的層格子多，有的層格子少，最少的只分成八格，格子最多的一層有三百八十四格。每個格子上印有不同的字符。

外盤為正方形，是內盤的托盤，在四邊外側中點各有一小孔，穿入紅線成為天心十道，用於讀取內盤盤面上的內容。天心十道要求相互垂直，剛買的新羅盤使用前都要對外盤進行校準才能使用。

羅盤有很多種類，層數有的多，有的少。最多的有五十二層，最少的只有五層。各派風水術都將本派的主要內容列入羅盤上，使中國的羅盤成了中國古代術數的大百科全書。

隨著加工業的發展，至唐代，指南針的測量精度發生了質的變化。

唐僖宗期間國師楊筠松將八卦和十二地支兩大定位體系合而為一，並將甲、乙、丙、丁、戊、己、庚、辛、壬、癸十天干除了表示中宮位置的戊、己二干外，全部加入地平方位系統，用於表示方位。

　　於是，地平面周天三百六十度均分為二十四個等份，叫做「二十四山」，而每山占十五度，三山為一卦，每卦占四十五度。

　　二十四山從唐代創製後，一直保留至現在。所以，地盤二十四山是楊盤的主要層次之一。

　　北方三山壬、子、癸，後天屬坎卦，先天屬坤卦；東北三山丑、艮、寅，後天屬艮卦，先天屬震卦；東方三山甲、卯、乙，後天屬震卦，先天屬離卦；東南三山辰、巽、巳，後天屬巽卦，先天屬兌卦；南方三山丙、午、丁，後天屬離卦，先天屬乾卦；西南三山未、坤、申，後天屬坤卦，先天屬巽卦；西方三山庚、酉、辛，後天屬兌卦，先天屬坎卦；西北三山戌、乾、亥，後天屬乾卦，先天屬艮卦。

　　地盤二十四山盤是楊筠松創製的，楊筠松之前沒有完整的二十四山盤，只有八卦盤和十二地支盤。

　　楊筠松將其重新安排，把八卦、天干、地支完整地分配在平面方位上，是一個劃時代的創造。地盤二十四山的挨星盤，即「七十二龍盤」，是楊筠松晚年創製的。

　　楊筠松透過長期的堪輿實踐發現，陰陽五行普遍存在於四面八方，陰陽五行的分佈按照八卦五行屬性來確定與實際情況不符，原來的方法過於粗糙。他透過反覆研究，為十二地支配上天干，用納音五行來表達五行屬性，稱為「顛顛倒五行」。

　　楊筠松作為贛南楊筠松風水術的祖師，不但創造了完整的風水理論，對風水術的工具羅盤也進行了合理的改造。

天盤也是楊筠松創製的。楊筠松在堪輿實踐中發現，用地盤納水有較大的誤差，根據天道左旋，道地右旋的原理，創製了天盤雙山。羅盤中只有天盤是雙山，其他盤是沒有雙山的。

古人認為，龍是從天上來的，屬於天系統，為陽；水在地中流，屬於地系統，為陰。由於天地左右旋相對運動而產生的位移影響，所以天盤理應右移，故楊筠松將其在地盤的方位上向右旋轉移位七點五度。

宋代時引進二十八宿天星五行，增設了人盤，專用於消砂出煞。人盤的二十四山比地盤二十四山逆時針旋轉了七點五度。人盤又叫做「賴盤」。

要確定方向除了指南針之外，還需要有方位盤相的配合。方位盤依然是二十四向，但是盤式已經由方形演變成圓形。這樣一來只要看一看磁針在方位盤上的位置，就能斷定出方位來。

南宋時期，曾三異在《因話錄》中記載了有關這方面的文獻：「地螺或有子午正針，或用子午丙壬間縫針。」這是有關羅經盤最早的文獻記載。文獻中說的「地螺」，就是地羅，也就是羅經盤。文獻中已經把磁偏角的知識應用到羅盤上。

這種羅盤不僅有子午針，即確定地磁場南北極方向的磁針，還有子午丙壬間縫針，即用日影確定的地理南北極方向。這兩個方向之間的夾角，就是磁偏角。

水上之友 指南針

　　羅盤實際上就是利用指南針定位原理用於測量地平方位的工具，指南針是測量地球表面的磁方位角的基本工具，廣泛用於軍事、航海、測繪、林業、勘探、建築等各個領域。

閱讀連結

　　指南針與羅盤結合在一起使用後，給各個領域帶來了便利。以航海為例，宋代時，中國與日本列島、南洋群島、阿拉伯各國的交往很密切。這些海上交通的擴大，與指南針的應用息息相關。

　　元代航海中也廣泛應用羅盤。明代的《東西洋考》中說：船出河口，進入茫茫大海，波濤連天，毫無岸邊標誌可循，這時就只好「獨特指南針為導引」了。由此可見，羅盤上的小小磁針，對於海上航行是多麼重要。

▌指南針的運用與傳播

■宋代水羅盤

根據古書記載，最晚在北宋時期，中國已經在海船上應用指南針了。從此，人們才具備了全天候的航行能力，才真正走向寬廣的海洋。隨著中國海外貿易日益頻繁，宋代時中國商船常搭載有阿拉伯人，這些阿拉伯人在船上學會了使用指南針，從而將中國的指南針傳到西亞、西方等國。

　　中國不但是世界上最早發明指南針的國家，而且是最早把指南針用在航海事業上的國家。這件事在人類文化史上有非常重要的意義。

　　中國的海上交通，很早就已經開始了。秦漢時期以後，中國的航海事業逐漸發達起來。

　　東晉時期，有個有名的和尚法顯，曾經走海路到過印度，他還寫過一本《佛國記》。根據《佛國記》的記載，那時候一艘海船大約可以乘坐兩百多人。

　　至唐代，海船有的長達二十丈，可以乘坐六七百人，可見規模之大。當時，中國海船的活動範圍，東起廣州，西至波斯灣，是南洋各國之間海上運輸的重要力量。

　　西元八三八年，日本和尚圓仁來中國求法，後來寫有《入唐求法巡禮行記》一文，描述了在海上遇到陰雨天氣的時候混亂而艱辛的情景。

　　當時，海船的航向無法辨認，大家七嘴八舌，有的說向北行，有的說向西北行，幸好碰到一個波綠海淺的地方，但是也不知道離陸地有多遠，最後只好沉石停船等待天晴。

　　由此可見，在指南針發明以前，在大海裡航行是多麼困難。

創始發明：四大發明與歷史價值

水上之友　指南針

　　白茫茫的一片大海，天連水，水連天，很難找到什麼目標。白天可以看太陽出沒來辨別航行的方向，晚間可以看北極星。陰天下雨時假如行錯了方向則很危險。指南針的發明解決了這個問題。

　　在指南針用於航海之後，不論天氣陰暗，航向都可辨認。史籍中最早記載到指南針用於航海的是在北宋時期。

　　指南針發明後很快就應用於航海。世界上最早記載指南針應用於航海導航的文獻，是北宋時期的地理學家朱彧所著的《萍洲可談》。

　　朱彧的父親朱服於西元一○九四年至一一○二年任廣州高級官員，他追隨其父在廣州住過很長時間。《萍洲可談》一書記錄了他在廣州時的見聞。

　　當時的廣州是中國和海外通商的大港口，有管理海船的市舶司，有供海外商人居留的蕃坊，航海事業相當發達。《萍洲可談》記載著廣州蕃坊、市舶等許多情況，記載了中國海船上很有航海經驗的水手。

　　朱彧在《萍洲可談》一書中詳細評述了當時廣州航海業興旺的盛況，同時也記述了中國海船在海上航行的情形，說道：「舟師識地理，夜則觀星，晝則觀日，陰晦觀指南針。」

　　《萍洲可談》記載，當時海船上的人為了辨認地理方向，晚上看星辰，白天看太陽，陰天落雨就看指南針。

　　當時，海上航行還只是在日月星辰見不到的日子裡才用指南針，這是由於人們對靠日月星辰來定位有一千多年的經驗，而對指南針的使用還不很熟練。

當時舟師已能掌握在海上確定海船位置的方法，說明中國人民在航海中已經知道使用指南針了。

　　這是全世界航海史上使用指南針的最早記載，中國古代人首創的這種儀器導航方法，是航海技術的重大革新。指南針應用於航海並不排斥天文導航，兩者可配合使用，這更能促進航海天文知識的進步。

　　西元一一二三年，北宋朝廷派許兢出使高麗，許兢回國以後寫了一本《宣和奉使高麗圖經》，裡面也有這樣一段記載：

　　船行過蓬萊山以後，水深碧色，像玻璃一樣，浪勢更大了……這天晚上，海中不能停船，開船的人看著星辰前進。如果遇到天陰，那就只能用指南浮針來辨認南北了。

　　至南宋，中國使用指南針導航不久，在南宋時期被阿拉伯海船採取，並經阿拉伯人把這一偉大發明傳至歐洲。

　　恩格斯在《自然辯證法》中指出，「磁針從阿拉伯人傳至歐洲人手中在西元一一八〇年左右」。這一年是中國南宋孝宗淳熙七年，中國人首先將指南針應用於航海比歐洲人至少早八十年。

　　南宋時期，中國的海船一直開至阿拉伯，和阿拉伯人做生意，阿拉伯人到中國來的也很多，而且大多是乘中國船來的。阿拉伯人看到中國船都用指南針，也學會了製造指南針的方法，並把這個方法傳到了歐洲。

創始發明：四大發明與歷史價值

水上之友 指南針

　　指南針由海路傳入阿拉伯，又由阿拉伯人傳播到西方。歐洲人對指南針加以改造，把磁針用釘子支在重心處，儘量使支點的摩擦力減小，讓磁針自由轉動。

　　由於磁針有了支點，不再需要漂浮在水面之上，這種經過改造的指南針就更加適宜於航海的需要。大約在明代後期，這種指南針又傳回中國。

　　根據南宋時期吳自牧《夢粱錄》的記載，當時航海的人已經用針盤航行。這就說明當時指南針和羅盤已經結合在一起了。

　　吳自牧在他所寫的《夢粱錄》中說道：「風雨冥晦時，唯憑針盤而行，乃火長掌之，毫釐不敢差誤，蓋一舟人命所繫也。」由此也可以看出指南針在航海中的地位和作用。

　　這種羅盤，有用木做的，也有用銅做的，盤的周圍就刻上東南西北等方位。人們只要把指南針所指的方向，和盤上所刻的正南方位對準，就可以很方便地辨別航行的方向了。

　　至元代，指南針一躍而成海上指航的最重要儀器了，不論冥晦陰暗，都利用指南針來導航。而且這時海上航行還專門編製出羅盤針路，船行到什麼地方，採用什麼針位，一路航線都一一標誌清楚。

　　元代的《海道經》和《大元海運記》裡都有關於羅盤針路的記載。

　　元代學者周達觀寫的《真臘風土記》裡，除了描述海上見聞外，還寫道海船從溫州開航，「行丁未針」。這是由於

南洋各國在中國南部，所以海船從溫州出發要用南向偏西的丁未針位。

明代著名的航海家鄭和七次下西洋時，鄭和領導的船隊，共有兩萬七千多人，乘坐大船六十多艘，這些大船稱為寶船。最大的寶船，長四十丈，闊十八丈，是當時海上最大的船隻。這些船上就有羅盤針和航海圖，還有專門測定方位的技術人員。

鄭和這樣大規模的遠海航行之所以安全無虞，完全依賴指南針的忠實導航。

鄭和的巨艦，從江蘇劉家港出發到蘇門答臘北端，沿途航線都標有羅盤針路，在蘇門答臘之後的航程中，又用羅盤針路和牽星術相輔而行。指南針為鄭和開闢中國到東非航線提供了可靠的保證。

鄭和七次下西洋，擴大了中國的對外貿易，促進了東西方的經濟和文化交流，加強了中國的國際政治影響，增進了中國同世界各民族的友誼，為中外交流作出了卓越的貢獻。

指南針的運用，使人們獲得了全天候的航行能力，開創了人類航海的新紀元。人類第一次能在茫茫無際的浩瀚海洋上自由地馳騁，指南針也因此被喻為「水手的眼睛」。

指南針傳到世界各國以後，把航海事業推進到了一個新的時代，促進了各國之間的經濟貿易和文化交流。各國也都用指南針來幫助航海了。正因為指南針起的作用很大，所以人們把它列為中國古代的四大發明之一。

創始發明：四大發明與歷史價值

水上之友 指南針

英國近代生物化學家，著名的科技史專家李約瑟指出：「指南針的應用是原始航海時代的結束，預示著計量航海時代的來臨。」

閱讀連結

中國的指南針技術傳入歐洲後，推動了歐洲航海事業的發展。就世界範圍來說，指南針在航海上的應用，導致了以後哥倫布大約在西元一四五一年至一五〇六年對美洲大陸的發現，也促成了麥哲倫大約在西元一四八〇年至一五二一年的環球航行。

可以說，指南針的使用，大大加速了世界經濟發展的進程，為資本主義的發展提供了必不可少的前提。十五世紀末至十六世紀初，歐洲各國航海家紛紛將指南針用於航海，他們不斷探險，開闢新航路。馬克思曾這樣說過：「指南針打開了世界市場，並建立了殖民地。」

強大戰神 黑火藥

　　黑火藥是中國古代的四大發明之一。黑火藥是在適當的外界能量作用下，自身能進行迅速而有規律的燃燒，同時生成大量高溫燃氣的物質。火藥最初主要用於醫藥和娛樂表演，後來火藥才用於軍事。

　　自中國的煉丹家發明了火藥之後，各種利用火藥的軍事武器開始陸續出現。火藥和火藥武器的廣泛使用，是世界兵器史上的一個劃時代的進步，對人類歷史的演進產生了很大影響。在黑火藥兵器時代，火炮以其強大的爆破力被譽為「戰神」。

▌煉丹術與火藥的誕生

■古代煉丹爐

火藥，是中國古代的四大發明之一，最初是方士在煉丹過程中發明的。

在很久以前，中國古代的煉丹家們便對組成火藥的木炭、硝石、硫磺這三種物質有了一定認識。

古代煉丹家在長期的煉丹中，將硝石、硫磺、雄黃和松脂、油脂、木炭等材料不斷地混合、煅燒，這就使火藥的發明成為了必然。

黃帝是中華民族的始祖，深受百姓的愛戴。後來由於年事漸高，精力日衰，就想去追求一種長生不老的境界，於是拜仙翁容成子為師，跟隨他學道煉丹，求長生不老之術。

容成子對他說：「修道煉丹，一定要選擇靈山秀水，丹藥才能煉成。」

於是黃帝就跟隨容成子外出尋找煉丹勝地。

他們跋山涉水，遍歷五嶽三山，最後選定了黃山。從此以後，他就和容成子同住此山煉丹。他們每天伐木燒炭，採藥煮石，不管颳風下雨，從不間斷。

丹藥必須反覆煉九次，才能煉成，這叫「九轉還丹」。他們煉了一次又一次，越煉難度越高，但黃帝的決心也越大。經過多年，那閃閃發亮的金丹終於煉成了。黃帝服了一粒，頓覺身輕如燕。

就在這時，黃山的崖隙間，突然流出了一道紅泉，熱氣燻蒸，香氣撲鼻。於是容成子讓黃帝到這紅泉中沐浴。

黃帝在紅泉中連浸了七天七夜，全身的老皺皮膚都隨水漂去，他完全像換了一個人似的，看上去滿面紅光，青春再現。

黃帝煉丹成仙只是傳說，但中國煉丹之術卻由來已久，而恰恰就是煉丹術為火藥的發明奠定了基礎。

配製成火藥需要木炭、硫磺和硝石。其實，中國古人對這三種原料的認識經歷了一個漫長的過程。

在新石器時期，人們在燒製陶器時就認識了木炭，把它當做燃料。木炭灰分比木柴少，溫度高，是比木柴更好的燃料。商周時期，人們在冶金中廣泛使用木炭。

創始發明：四大發明與歷史價值

強大戰神 黑火藥

　　硫磺是天然存在的物質，很早人們就開採利用它了。在生活和生產中經常接觸到硫磺，如溫泉會釋放出硫磺的氣味，冶煉金屬時，逸出的二氧化硫刺鼻難聞，這些都會給人留下印象。

　　古人掌握最早的硝石，可能是牆角和屋根下的土硝。硝的化學性質很活潑，能與很多物質發生反應，它的顏色和其他一些鹽類區別不大，在使用中容易搞錯，在實踐中人們掌握了一些識別硝石的方法。

　　硝石的主要成分是硝酸鉀。南北朝時期的陶弘景《草木經集注》中就說過：「以火燒之，紫青煙起，雲是硝石也。」這和近代用火焰反應鑑別鉀鹽的方法相似。

　　硝石和硫磺一度被作為重要的藥材。在漢代問世的《神農本草經》中，硝石被列為上品中的第六位，認為它能治二十多種病；硫黃被列為中品藥的第三位，也能治十多種病。這樣，人們對硝石和硫黃的研究就更為重視。

　　雖然人們對木炭、硫磺、硝石的性質有了一定的認識，但是硝石、硫磺、木炭按一定比例放在一起製成火藥還是煉丹家的功勞。

　　中國古代黑火藥是硝石、硫磺、木炭以及輔料砷化合物，油脂等粉末狀均勻混合物，這些成分都是中國煉丹家的常用配料。把這種混合物叫做「藥」，也揭示著它和中國醫學的淵源關係。

煉丹術起源很早，《戰國策》中已有方士向西漢時期開國功臣劉賈獻不死之藥的記載。漢武帝也奢望「長生久視」，向民間廣求丹藥，招納方士，並親自煉丹。

從此，煉丹成為風氣，開始盛行。歷代都出現煉丹方士，也就是所謂的煉丹家。煉丹家的目的是尋找長生不老之藥，但這樣的目的是不可能達到的。

煉丹術流行了一千多年，最後還是一無所獲。但是，煉丹術所採用的一些具體方法還是有可取之處的，它顯示了化學的原始形態。

煉丹術中很重要的一種方法就是火法煉丹。它直接與火藥的發明有關係。所謂「火法」煉丹是一種無水的加熱方法，晉代葛洪在《抱朴子》中對火法有所記載。

火法大致包括：煅，就是長時間高溫加熱；煉，就是乾燥物質的加熱；灸，就是局部烘烤；熔，就是熔化；抽，就是蒸餾；飛，又叫升，就是昇華；優，就是加熱使物質變性。

這些方法都是最基本的化學方法，也是煉丹術這種職業能夠產生發明的基礎。

煉丹家的虔誠和尋找長生不老之藥的挫折，使得煉丹家不得不反覆實驗和尋找新的方法。這樣就為火藥的發明創造了條件。

在發明火藥之前，煉丹術已經得到了一些人造的化學藥品，如硫化汞等。這可能是人類最早用化學合成法製成的產品之一。

創始發明：四大發明與歷史價值

強大戰神 黑火藥

　　據宋代類書《太平御覽》記載，春秋時期的「范子計然曰：消石出隴道」，以及「石硫磺出漢中」，可見中國使用硝石和硫磺是很早的。

　　至漢代，煉丹家已經開始使用硝石。《淮南子·天文訓》記載：「日夏至而流黃譯。」

　　《說文》也有「留黃」出產的記載等；《神農本草經》中硝和硫磺分別為上品和中品藥；《周易參同契》記載：「挺除武都，八石棄捐。」「鼓鑄五石，銅，以之為輔樞……千舉必萬敗。」

　　上述史載都說明，包括硝石在內的原料，由於其強氧化性使火法反應進行激烈，在當時還沒有很好地馴服它，掌握它。

　　以東漢煉丹理論家魏伯陽到東晉著名煉丹家葛洪，煉丹術方興未艾，煉丹著作由《周易參同契》中的「火記六百篇」至《抱朴子·內篇·金丹》中的「披涉篇卷，以千計矣」。這一段時間內，有許多煉丹家在進行試驗。

　　硝石煉雄黃，應該得到氧化砷。葛洪記載的三物煉雄黃的成功例子，是引入了松脂、豬大腸等有機物，可使氧化砷還原為砷單質。但仍然要控制溫度，超過一定溫度，就會起火爆炸。

　　古代沒有溫度計，必定有超過的時候，也就是製煉單質砷有成功，也有失敗的時候，後一情況正是火藥產生的萌芽。後來的火藥成分，也是積極利用這一實驗現象的結果。

煉丹家雖然掌握了一定的化學方法，但是他們的方向是求長生不老之藥，因此火藥的發明具有一定的偶然性。煉丹家對於硫磺、砒霜等具有猛毒的金石藥，在使用之前，常用燒灼的辦法伏一下。

　　「伏」是降伏的意思，使毒性失去或減低，這種工序稱為「伏火」。

　　唐代初期的名醫兼煉丹家孫思邈在「丹經內伏硫磺法」中記載：硫磺、硝石各二兩，研成粉末，放在銷銀鍋或砂罐子裡。掘一地坑，放鍋子在坑裡和地平，四面都用土填實。把沒有被蟲蛀過的三個皂角逐一點著，然後夾入鍋裡，把硫磺和硝石起燒煙火。

　　等燒不起煙火了，再拿木炭來炒，炒到木炭消去三分之一就退火，趁還沒冷卻，取入混合物，這就伏火了。

　　唐代中期有個名叫清虛子的，在「伏火礬法」中提出了一個伏火的方子：「硫二兩，硝二兩，馬兜鈴三錢半。右為末，拌勻。掘坑，入藥於罐內與地平。將熟火一塊，彈子大，下放裡內，煙漸起。」

　　他用馬兜鈴代替孫思邈方子中的皂角，這兩種物質代替炭起燃燒作用的。

　　伏火的方子都含有碳素，而且伏硫磺要加硝石，伏硝石要加硫磺。這說明煉丹家有意要使藥物引起燃燒，以去掉它們的猛毒。

強大戰神 黑火藥

　　雖然煉丹家知道硫、硝、炭混合點火會發生激烈的反應，並採取措施控制反應速度，但是因藥物伏火而引起煉丹房失火的事故時有發生。

　　唐代的煉丹者已經掌握了一個很重要的經驗，就是硫、硝、炭三種物質可以構成一種極易燃燒的藥，這種藥被稱為「著火的藥」，即火藥。

　　由於火藥的發明來自製丹配藥的過程中，在火藥發明之後，曾被當做藥類。《本草綱目》中就提到火藥能治瘡癬、殺蟲，辟濕氣、瘟疫。

　　火藥沒有解決長生不老的問題，但煉丹家對火藥原料的研究，最終促成了火藥的誕生。

閱讀連結

　　宋代人編寫過一部大型類書《太平廣記》。類書是輯錄各門類或某一門類的資料，並依內容或字、韻分門別類編排供尋檢、徵引的工具書。其中記載了這樣一個故事：

　　隋代初年，有一個叫杜春子的人去拜訪一位煉丹老人。當晚住在那裡。這天夜裡，杜春子夢中驚醒，看見煉丹爐內有「紫煙穿屋上」，頓時屋子燃燒起來。

　　原來，他和煉丹老人在配置易燃藥物時疏忽，因而引起了火災，造成很大損失。《太平廣記》一書告誡煉丹者要防止這類事故發生。

▌黑色火藥的最初應用

中國發明的火藥的最初使用並非在軍事上，而是用在節日慶祝時候的娛樂表演上。

火藥在娛樂表演上的應用，主要是放爆竹、放煙火，以及雜技演出中的煙火雜技和表演幻術等。舉行這些娛樂活動的方式和規模，歷史上各個時代都不一樣。

■節日放煙火

火藥被引入醫學後，成為藥物，用於治療瘡癬，以及殺蟲、辟濕氣瘟疫。

清乾隆年間，北京圓明園以西有座名叫「山高水長」的樓閣，樓前有寬闊場地，宜於施放煙火。在每年重要傳統節日，皇宮文武百官就在這裡觀賞煙火。

乾隆皇帝觀賞煙火的御座設在山高水長樓的第一層。在觀賞煙火時，當乾隆皇帝在歡樂聲中就座以後，晚會旋即開始。

首先是文藝節目，有樂隊合奏、摔跤表演、射擊演練、外國藝術家演唱等。

文藝節目結束後，乾隆帝親自宣布煙火戲開始，各木椿上的合子花引藥線同時引燃。頃刻間，只見無數條金蛇風馳電掣，奇妙的煙火光芒耀眼，萬朵奇花次第盛開，夜空流光溢彩，如同白晝。

接著，身穿貂皮蟒袍的卸前侍衛每人手持合子花，連接燃放，合子內躍出各類人物和花鳥，活靈活現。

當最後一個合子花「萬國樂春臺」燃燒時，佈置在西廠沿河一線的所有花炮同時點著，頓時萬響爆竹齊發，匯成煙花怒放的海洋。

其實，火藥在研製發明過程中，它的實際應用先是被用於醫療，然後被用於娛樂和表演，後來才擴展到軍事領域。

煙火又稱「煙花」、「煙火」、「花炮」等。節日放煙火在中國有著悠久的歷史傳統，在新春、元宵或逢重大喜慶節日時，各式各樣的煙花如火樹銀花、魚龍夜舞。

世界上最早的煙火記載當屬西漢時期《淮南子》中「含雷吐火之術，出於萬畢之家」的說法。這便是後來煙花的雛形。這類煙火，火藥劑用量非常少，但足以供炫耀表演幻術之用。

在隋代時，煙火的製作方法已經變得更加複雜，成為宮廷娛樂中御用的新鮮玩意。後來的宋代人高承在《事物紀原》中認為：「火藥雜戲，始於隋煬帝。」

唐代是中國封建社會發展的鼎盛時期，在這段時期，真正意義上的火藥出現了。

唐代京都長安元夕煙火十分壯觀，當時的煙火表演已經形成了一定的規模。不過，由於唐代的火藥製作工藝相對落後，煙花並沒有普及，而爆竹工業卻得到了突飛猛進的發展。

唐代「燃竹驅祟」的方法很普遍。唐代開始有了火藥，人們把硝磺填入竹筒中引火燃燒，其爆裂的響聲更大，威力更強。

據傳，唐代的李畋就是製作硝磺爆竹的始作俑者，民間稱他為「花炮始祖」。唐代人所撰《異聞錄》對李畋其人有過記載。

李畋的驅祟辦法，不是簡單地「用真竹箸火爆之」，而是使用了「硝磺爆竹」，所以才把它當作一件新鮮事而記載下來。硝磺爆竹是爆竹的雛形，這也是「爆竹」一詞最初的來歷。

根據史學家的考證，從遠古至先秦，從漢代至南北朝，再至唐代初期所謂「爆竹」，都還不是用火藥為原料製造的，只有到了唐代的李畋時期，用火藥為原料的爆竹才開始出現。不過，這還不是紙卷火藥的爆竹，而是用真竹填硝磺製作的。

正如清代人翟灝在《通俗篇》中寫道：

古時爆竹，皆以真竹箸火爆之，故唐人詩也稱爆竿。後人捲紙為之，又曰爆仗。

強大戰神 黑火藥

翟瀨這段話，言簡意賅地表達了中國爆竹發明的來龍去脈。

至北宋時期，煙火文化粗具規模，已經出現了煙火專業作坊和煙火技藝師，煙火技藝經過發展衍化日臻成熟。

藝人們用竹片紮成捲筒，或紮成人或物，將紙捲裹煙火藥劑，用引線點燃，在地上、水上乃至低空幻化為各種五彩繽紛的形象。這種娛樂方式，是民俗節日、戲曲文化娛樂中不可缺少的部分。

宋代皇帝也很欣賞煙火、爆仗與戲曲融為一體的聯袂表演。南宋乾道、淳熙年間，皇宮在重大節日前總要買進爆竹煙火。

每當元月十六之夜，煙火燈彩令汴京成為了一座不夜城。繁華景象讓人嚮往而流連忘返。遊人能在臨安觀賞到「煙火、起輪、流星、水爆」等表演。

《後武林舊事》記載有宋孝宗觀看海潮放煙火的情景，書上說：宋孝宗觀看八月十八的錢塘江大潮，水軍演習時，點放五種色彩的煙炮，等到煙花燃燒的煙散去後，江上已經看不到一艘船了。由此可見，當時的煙火表演規模是十分宏大的。

辛棄疾是南宋時期著名詞人，他曾經寫過一首詞《青玉案 元夕》，其中有一句描繪元夕夜燈彩煙火的名句：「東風夜放花千樹，更吹落，星如雨。」

這句話把火樹寫成固定的燈彩，把「星雨」寫成流動的煙火。煙火不但吹開地上的燈花，而且還從天上吹落了如雨的彩星，先衝上雲霄，而後自空中而落，好似隕星雨。

令人讀後充滿想像：東風還未催開百花，卻先吹放了元宵節的火樹銀花。

煙火在元代雜劇與詩文中也不乏描寫，最有名的數元代書畫家趙孟頫《贈放煙火者》一詩，其中有一句「人間巧藝奪天工，煉藥燃燈清晝同」，詩人觀賞了各色煙火，感到美不勝收，以「巧奪天工」稱譽煙火技藝師，確實是恰如其分。

明代煙火文化最豐富，雖然當時的煙火還是以單個施放居多，但煙火名目繁多，而且多以花卉命名。同時，明代煙火技藝的高超發達，在世界工藝史上堪稱一大創造發明。

明代官員沈榜曾詳盡披露燕城即現在福建省永安市煙火的製作方法：「用生鐵粉雜硝、磺灰等為玩具，其名不一，有聲者曰響炮，高起者曰起火，起火中帶炮連聲者曰三級浪，不響不起旋繞地上者曰地老鼠。」

明代還發明了更為複雜的煙火戲，即利用火藥燃燒的力量推出一些小型木偶運動，甚至還演出一折折故事情節。

後來，明代中葉又創新了合子花，這種煙花方便保管、便於運輸，使用靈活，成為清代高檔煙花中的主要品種。還出現在水中燃放的，那是製成防水型的各類水鳥形狀。

明代的煙火戲技藝為現代火箭複雜程式的設計提供了實用參考模式。現代火箭複雜程度的設計原理，脫胎於明代煙火戲技藝，兩者都是利用燃燒速度控制程式。

創始發明：四大發明與歷史價值
強大戰神 黑火藥

　　經過數代人的不懈努力、沿革，至清代，煙火技藝已經更加精妙，幾達爐火純青的境界。

　　清時已有作坊場所製造各色煙火，競巧爭奇，有盒子、煙火桿子、線穿牡丹、水澆蓮、葡萄架、旗火、二踢腳、飛天十響、五鬼鬧判官、匣炮、天花燈等種類。還有炮打襄陽、火燒戰船等，展示出兩軍交戰拚殺、炮箭交馳的場景，令人驚心動魄，眼花繚亂。

　　清代宮廷喜慶煙花規模龐大，場面壯觀，代表了當時煙火設計、生產、演技的最高水平。

　　每年從正月十三至十九，連續幾夜燃放，正月十九晚是放煙火的高潮，內廷王公大臣、在京外國貴賓均被特邀觀賞。

　　清代的京城固然是煙火繁盛的地方，但南方的蘇州城也毫不遜色。城郊、鄉村社廟元宵煙火會，保存了樸實的民俗活動風貌，別有一番節日的熱鬧和歡喜。老百姓們在這一段時間傾家出動，趕赴社廟煙火會。

　　春節期間，大凡賓客進門、出門，人們都要以鞭炮歡迎歡送，皇帝更是講究。

　　民間雖然沒有這樣在舉步之間燃放鞭炮的習俗，但春節期間頭一次來家拜年的親人或朋友，主人家也要鳴放鞭炮，用來表示對客人的尊敬和祝福。尤其是對春節時拜訪岳丈的新女婿和外孫、外孫女，鞭炮放得更為熱烈、喜慶。

　　於是，鞭炮把寒冷的冬天煽動得熱鬧而富有親情，如溫暖的春風沁人心脾，使人備感愜意。

閱讀連結

唐代的李畋天資聰慧，隨父練就一身好武藝，曾被多處聘為武術總教習。他的父母去世以後，便搬到了獅形山上，與採藥人仲叟為伴。

一天，兩人上山採藥，偶遇風雨，回家後，仲叟一病不起。鄉人言稱為山魈邪氣實為瘴氣作怪，將危害一方。

李畋十分焦急，突想到父親曾說燃竹可壯氣驅邪，即試之，頗具聲色，但爆力不足，他便大膽地在竹節上鑽一小孔，將硝藥填入，用松油封口引爆，效果極佳。

鄉鄰們紛紛效仿，一時山中爆聲四起，清香撲鼻，瘴氣消散，仲叟亦病癒。

火藥在軍事上的應用

創始發明：四大發明與歷史價值

強大戰神 黑火藥

■「萬戶飛天」雕刻

在火藥發明之前，攻城守城常用一種拋石機拋擲石頭和油脂火球，來消滅敵人；火藥發明之後，利用拋石機拋擲火藥包以代替石頭和油脂火球。

根據史料記載，唐朝末年開始運用於軍事，到宋代已經廣泛應用於戰爭，主要有突火槍、火箭、火炮等。

自從火藥被用於軍事後，對戰爭的勝負產生了極其深遠的影響。

萬戶是明代人，他熱愛科學，尤其對火藥感興趣，想利用這種具有巨大能量的東西，將自己送上藍天，去親眼觀察高空的景象。為此，他做了充分的準備。

西元一四八三年的一天，萬戶手持兩個大風箏，坐在一輛捆綁著四十七支火箭的蛇形飛車上。然後，他命令他的僕人點燃第一排火箭。

只見一位僕人手舉火把，來到萬戶的面前，心情非常沉痛地說道：「主人，我心裡很害怕。」

萬戶問道：「怕什麼？」

那僕人接著說：「倘若飛天不成，主人的性命怕是難保。」

萬戶仰天大笑，說道：「飛天，乃是我中華千年之夙願。今天，我縱然粉身碎骨，血濺天疆，也要為後世闖出一條探天的道路來。你不必害怕，快來點火！」

僕人們只好服從萬戶的命令，舉起了熊熊燃燒的火把。只聽「轟！」的一聲巨響，飛車周圍濃煙滾滾，烈焰翻騰。頃刻間，飛車已經離開地面，徐徐升向半空。

地面上的人群發出歡呼。緊接著，第二排火箭自行點燃了，飛車繼續飛昇。

突然，橫空一聲爆響，只見藍天上萬戶乘坐的飛車變成了一團火，萬戶從燃燒著的飛車上跌落下來，手中還緊緊握著兩支著了火的巨大風箏，摔在萬家山上。這樣，勇敢的萬戶長眠在鮮花盛開的萬家山。當然，他進行的飛天事業停止了。

萬戶乘坐火箭飛天，承載了人類的飛天夢想。他開創的飛天事業，得到了世界的公認。

事實上，火藥發明後，經進一步研究和推廣，在軍事上得到了廣泛應用。

據宋代史學家路振的《九國志》記載，唐哀帝時，鄭王番率軍攻打豫章，即今江西省南昌，「發機飛火」，燒燬該城的龍沙門。這可能是有關用火藥攻城的最早記載。

至兩宋時期，火藥武器發展很快。據《宋史·兵記》記載，西元九七〇年兵部令史馮繼升進獻火箭法，這種方法是在箭桿前端縛火藥筒，點燃後利用火藥燃燒向後噴出的氣體的反作用力把箭鏃射出，這是世界上最早的噴射火器。

馮繼升的祖父是一個煉丹家，馮繼升從小就在火藥堆中長大，他最初製成類似現在的鞭炮之類的物品，以供玩耍。後來漸漸發現火藥的膨脹力足以使房屋炸毀。

創始發明：四大發明與歷史價值
強大戰神 黑火藥

　　經過慢慢地摸索，發明了火箭。這種火箭是把火藥綁在箭頭上，用引線點著後射向敵人。引起大火而燒殺敵人或糧草等。

　　馮繼升把此方法獻給當時的皇帝，皇帝大悅，遂封給馮繼升一個專門監督製造火箭的中級官職。馮繼升上任後，曾為北宋朝廷立下了汗馬功勞，受到皇帝的嘉獎。

　　宋太祖滅南唐時，曾經使用過用弓弩發射的火箭和用火藥拋射的火炮，正是因為改用裝有火藥的彈丸來代替石頭。

　　原來古代人打仗，距離近了用刀槍，遠了用弓箭，後來還用拋石機，把大石球拋出去，打擊距離較遠的敵人。

　　拋石機大約在中國春秋末期就出現了。《范蠡兵法》中記載：「飛石重十二斤，為機發射二百步。」

　　拋石機就是最初的炮，炮就是拋的意思，最早拋的是石頭，所以是「石」字旁。至於「火」字旁的「炮」字，本來指一種烹飪的方法，或者一種製藥的方法。把這個「炮」字也作為武器的名詞來用，那是用了火藥以後的事情了。

　　第一枚以火藥作推力的火箭是宋代士兵出身的神衛隊長唐福於西元一〇〇〇年製造的。使用方法是：點燃竹筒內的火藥，使其燃燒，產生推力，使火箭飛向敵陣，之後箭上所帶的火藥再次爆炸燃燒，殺傷敵人。

　　不久，冀州團練使石普也製成了火箭、火球等火器，並做了表演。

火藥兵器在戰場上的出現，預示著軍事史上將發生一系列的變革。從使用冷兵器階段向使用火器階段過渡。火藥應用於武器的最初形式，主要是利用火藥的燃燒性能。隨著火藥和火藥武器的發展，逐步過渡到利用火藥的爆炸性能。

　　硝石、硫磺、木炭粉末混合而成的火藥，被稱為「黑火藥」或者叫「褐色火藥」。這種混合物極易燃燒，而且燒起來相當激烈。

　　如果火藥在密閉的容器內燃燒就會發生爆炸。火藥燃燒時能產生大量的氣體和熱量。原來體積很小的固體的火藥，體積突然膨脹，猛增至幾千倍，這時容器就會爆炸。這就是火藥的爆炸原理。

　　利用火藥燃燒和爆炸的性能可以製造各種各樣的火器。北宋時期使用的那些用途不同的火藥兵器都是利用黑火藥燃燒爆炸的原理製造的。

　　蒺藜火球、毒藥煙球是爆炸威力比較小的火器。至北宋末年，爆炸威力比較大的火器向「霹靂炮」、「震天雷」也出現了。這類火器主要是用於攻堅或守城。西元一一二六年，李綱守開封時，就是用霹靂炮擊退金兵圍攻的。

　　北宋與金的戰爭使火炮進一步得到改進，震天雷是一種鐵火器，是鐵殼類的爆炸性兵器。元軍攻打金的南京時金兵守城時就用了這種武器。

　　《金史》對震天雷有這樣的描述：「火藥發作，聲如雷震，熱力達半畝之上，人與牛皮皆碎並無跡，甲鐵皆透」。這樣

的描述可能有一點誇張，但是這是對火藥威力的一個真實寫照。

火器的發展有賴於火藥的研究和生產。曾公亮主編的《武經總要》是一部軍事百科全書，書中記載的火藥配方已經相當複雜，火器種類更是名目繁多。

如蒺藜火球，敵人騎兵奔來的時候，就將火球拋在地上。馬蹄被刺痛燒傷，馬就狂蹦亂跳，騎兵就神慌手亂，以致人仰馬翻，自相踐踏。此時，我軍乘機襲擊，必可獲勝。

又如毒藥煙球，球內除了裝有火藥，還裝有巴豆、砒霜之類的毒藥。這種球發射出去，爆炸燃燒，散出毒氣，殺傷敵人。

又如鐵火炮，火藥中摻進細碎而有稜角的鐵片，鐵片借助火藥巨大的爆炸力，四處迸射。這很像現代的手雷、手榴彈。

又如霹靂炮，十層紙裡面裝上火藥和石灰，火藥爆炸，石灰飛揚，可以灼傷敵人的眼睛。

《武經總要》中記錄了三個火藥配方。火藥中加入少量輔助性配料，是為了達到易燃、易爆、放毒和製造煙幕等效果。可見火藥是在製造和使用過程中不斷改進和發展的。

宋代由於戰事不斷，對火器的需求日益增加，宋神宗時設置了軍器監，統管全國的軍器製造。史書上記載了當時的生產規模：「同日出弩火藥箭七千支，弓火藥箭一萬支，蒺藜炮三千支，皮火炮二萬支」。

這些都促進了火藥和火藥兵器的發展。

南宋時期出現了管狀火器，西元一一三二年陳規發明了火槍。火槍是由長竹竿做成，先把火藥裝在竹竿內，作戰時點燃火藥噴向敵軍。陳規守安德時就用了「長竹竿火槍二十餘隻」。

西元一二五九年，壽春地區有人製成了突火槍，突火槍是用粗竹筒作的，這種管狀火器與火槍不同的是，火槍只能噴射火焰燒人，而突火槍內裝有「子巢」，火藥點燃後產生強大的氣體壓力，把「子巢」射出去。「子巢」就是原始的子彈。

突火槍開創了管狀火器發射彈丸的先聲。現代槍炮就是由管狀火器逐步發展起來的。所以管狀火器的發明是武器史上的又一大飛躍。

突火槍又被稱為「突火筒」，可能它是由竹筒製造的而得此名。《永樂大典》所引的《行軍須知》一書中說道，在宋代守城時曾用過火筒，用以殺傷登上城頭的敵人。

至元明之際，這種用竹筒製造的原始管狀火器改用銅或鐵，鑄成大砲，稱為「火銃」。西元一三三二年的銅火銃，是世界上現存最早的有銘文的管狀火器實物。

明代在作戰火器方面，發明了多種「多發火箭」，如同時發射十支箭的「火弩流星箭」；發射三十二支箭的「一窩蜂」；最多可發射一百支箭的「百虎齊奔箭」等。

創始發明：四大發明與歷史價值
強大戰神 黑火藥

明燕王朱棣，即後來的明成祖與建文帝戰於白溝河，就曾使用了「一窩蜂」。這是世界上最早的多發齊射火箭，堪稱是現代多管火箭炮的鼻祖。

尤其值得提出的是，當時水戰中使用的一種叫「火龍出水」的火器。據《武備志》記載，這種火器可以在距離水面三四尺高處飛行，遠達兩三千米。

這種火箭用竹木製成，在龍形的外殼上縛四支大「起火」，腹內藏數支小火箭，大「起火」點燃後推動箭體飛行，「如火龍出於水面。」火藥燃盡後點燃腹內小火箭，從龍口射出。擊中目標將使敵方「人船俱焚」。

這是世界上最早的二級火箭。

另外，《武備志》還記載了「神火飛鴉」等具有一定爆炸和燃燒性能的雛形飛彈。「神火飛鴉」用細竹篾綿紙紮糊成烏鴉形，內裝火藥，由四支火箭推進。

它是世界上最早的多火藥筒併聯火箭，它與今天的大型捆綁式運載火箭的工作原理很相近。

世界上首次使用火藥兵器的海戰發生在宋金之間。西元一一六一年九月，完顏亮發兵六十萬人進攻南宋。在大敵當前的緊急關頭，南宋岳飛部將、浙西馬步軍副總管李寶自告奮勇，願率所部戰船一百二十艘、水軍三千人，浮海北上，阻擊金國水軍。

宋軍在戰區夜擊鼓為號，向金軍發起攻擊。當時南風正勁，宋軍前鋒艦隊首先向敵發起攻擊，放射火箭、火炮，焚燒敵艦。

金軍倉促迎戰，金軍船上的帆採用油絹製成，成了最好的引火物，強勁的南風將金艦隊吹擠在一起，風助火勢，一時間，烈焰沖天，數百艘金艦被煙火吞沒。

至當晚凌晨時，戰鬥結束，殘餘逃竄的幾十艘金軍艦被宋軍艦追擊五十多公里後被殲滅。由於海戰失敗，陸上又受挫，導致金代朝廷內訌，最後完顏亮被殺，金軍的南侵以失敗告終。

這是火藥武器首次運用在海戰上，並且發揮了立竿見影的作用。

閱讀連結

據史料記載，最早研製和使用管形火器的是宋代德安知府，即今湖北省安陸的陳規。這種管形火器用長竹竿做成，竹管當槍管。使用前先把火藥裝在竹筒內，交戰中從尾後點火，以燃燒的火藥噴向敵人，火藥可噴出幾丈遠。

西元一一三二年，金軍南侵，一群散兵游勇攻打德安城，陳規運用他發明的火槍組成一支六十多人的火槍隊，兩三人操持一桿火槍，最終將敵人打得落花流水。

這種武器是世界軍事史上最早的管形火器，陳規也被後人稱為「現代管形火器的鼻祖」。

▌火藥傳向西亞國家

■海戰中的火藥武器——火舫

　　中國的火藥和火器一經發明，便很快傳遍了阿拉伯世界。由於火藥的威力巨大，火器性能良好，立刻受到阿拉伯國家的重視和青睞。

　　阿拉伯國家擁有中國先進科技產品，是中西文化相結合的一個範例，同時也成了火藥和火器傳入歐洲的媒介。

　　火藥和火藥武器傳入歐洲，「不僅對作戰方法本身，而且對統治和奴役的政治關係起了變革的作用」。由此可知，中國的火藥推進了世界歷史的進程。

　　在阿拉伯國家中，北非和中東本來盛產製造火藥的重要原料硫磺，但是不知道使用硝。有關硝的知識，是從中國唐代的煉丹術傳去的。

對阿拉伯國家來說，硝是中國的特產，所以硝剛剛進入阿拉伯國家後，被阿拉伯人稱為「中國雪」，被波斯人稱為「中國鹽」。因為硝顏色如雪，味鹹如鹽。

硝在阿拉伯國家最初用於醫藥和煉丹術，用來製造火藥大約始於十三世紀初期，這可以從硝在名稱上的變化得知。

曾經到過埃及、北非和兩河流域的醫生伊本·貝塔爾在其著作《醫方彙編》中對硝的註釋為：「這是埃及老醫生所稱的中國雪，西方普通人和醫生都叫『巴魯得』，稱作『焰硝花』。」「巴魯得」就是現在阿拉伯文字中的火藥，在中古時期指的是硝。

硝由「中國鹽」、「中國雪」而變成「巴魯得」，不但使硝由中國而至波斯、埃及的傳播路線一清二楚，而且對硝從中國傳入阿拉伯國家後由醫藥和化學用劑的應用轉變為配製火藥、製作火器的過程也顯現得脈絡分明。

這種引起燃燒的硝，是由中國東南沿海經過海路直接傳入埃及的。因為當時中國帆船經常往來於亞丁，這些帆船裝備火器，往返於阿拉伯和泉州之間，埃及的僑民也分佈在泉州和杭州等地，他們是這種新發明最好的傳遞者。

根據西元一二四九年的阿拉伯文獻，埃及阿尤布朝的國務大臣奧姆萊主持了伊斯蘭國家第一次製造火藥。在阿尤布蘇丹時期，埃及完成了將硝用於配製火藥、製造火器的初步試驗。

創始發明：四大發明與歷史價值

強大戰神　黑火藥

　　這是火藥進入阿拉伯國家的第一階段，時間在西元一二二五年至一二四八年。在這一階段，煙火和火藥的製造方法由南宋經過海路首次傳入埃及。

　　火藥傳入阿拉伯國家的第二階段，是在西元一二五八年巴格達陷落後，各種火器由元帝國傳入阿拉伯國家。

　　漢納和法偉在《火炮史》中列舉一種阿拉伯文的兵書《馬術和軍械》，這是由哈桑·拉曼在西元一二八五年至一二九五年間所作。從這本書中可以得知，火藥不但源於中國，就連煙火、火器都是從中國傳入的。

　　在本書序言中得知，作者秉承父親的遺志，參考各種專著後寫成此書，書中列舉了大量從中國傳入的火藥配方。如試驗花的成分、雞豆的成分、契丹火輪的成分、契丹花的成分等。

　　這些火藥和煙火的配方與中國北宋時期的官修軍事著作《武經總要》中的火炮火藥法都很相似，而在時間上已經比中國晚了兩個世紀之久。

　　中國的火箭和火槍也成為阿拉伯國家最早的火器。在《馬術和軍械》中有一種契丹火槍，槍頭叫做「契丹火箭」，這是採用中國金代飛火槍的方法，而用火箭作為燃燒體。

　　十四世紀初期的另一本阿拉伯軍書《為阿拉而戰》中，記載有用於陸地作戰的火槍和水戰中的火箭，都叫「契丹火箭」。

這是在一根長形的契丹火箭上，「安上長而尖的頭，以備水戰」，在戰鬥中，將火箭發射向敵船，「箭頭嵌入船板，便延燒以致無法撲救」。

這兩種契丹火箭，前者是在陸戰時交火用的火槍，後者是水戰時由管形火器中發射的火箭。由於是從管形火器中發射，所以這種火箭已經類似突火槍中的子窠。

從契丹火箭在阿拉伯國家用於作戰中我們可以得知，阿拉伯人從一開始就沒有採用弓弩作為發射火箭的工具。這是因為他們擁有燃燒力很強的石油機，使用的火器直接從中國借鑑，得以避免在火器發明過程中必須走過的彎路。

大約在火藥和煙火傳入阿拉伯國家的後半個世紀，即十三世紀的晚期，阿拉伯人已經開始使用小型的管形火器火槍了。具體年代，約在西元一二六七年至一二七四年之間，那時蒙古軍隊圍攻襄樊，從伊朗請來回族炮手阿里海牙和亦思馬因。

這些穆斯林又將蒙古軍隊使用的契丹火槍和契丹火箭傳給伊斯蘭國家，十三世紀至十四世紀時的西方國家稱中國為「契丹」，所以傳入的火器冠以契丹的名稱。

管形火器傳入阿拉伯國家後，由於威力強大，使用方便，因而這些新型武器立刻受到重用和青睞。

十三世紀末期和十四世紀初期，阿拉伯國家將蒙古人傳去的火筒和突火槍加以改進，發展成為兩種新型的火器，稱為「馬達發」。

創始發明：四大發明與歷史價值

強大戰神 黑火藥

十四世紀初期在希姆埃丁·穆罕默德寫的兵書中，對這兩種火器都有記載。

一種是一隻木製的短筒，下有把子，筒內裝填火藥，在筒口插上一支箭或安放一個石球，點燃引線後，火藥立即發作，將箭或石頭衝出打擊敵人。這一種火器明顯是出於宋元兩代的火筒。

另一種是一根長筒，先裝填火藥，再將一個能上下活動的鐵餅或鐵球裝入筒中，筒口插箭，引線點燃後，火藥發作，衝動鐵餅或鐵球，將箭射出，射程較遠。

長筒火器的原理出自於西元一二五九年南宋時期使用的突火槍，不同之處在於突火槍的子窠是紙製的，阿拉伯國家使用的是用鐵餅和鐵球推動筒口的箭，是一種加以改進的大型火器。

阿拉伯國家傳入中國火藥和火器後，進行廣泛傳播和應用，對阿拉伯世界文明進程產生了重要影響。

閱讀連結

唐宋時期是中國和敘利亞穆斯林友好往來最頻繁的歷史階段之一，其間約有百餘種中藥材透過回商而輸出到敘利亞，成為了增進敘利亞穆斯林與中國人民友誼的重要物質載體。

伊本·貝塔爾是安達盧西亞穆斯林藥物學家、植物學家，他曾以植物學家的身分遊歷西班牙各地和北非，考察和收集藥物學資料。他曾著有《醫方彙編》一書，其中對硝的註釋，

揭示了硝從中國傳入阿拉伯國家的過程，對在阿拉伯國家推動中醫藥學的發展作出了貢獻。

▌火藥傳向東南亞國家

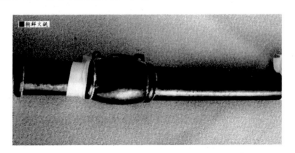

■朝鮮火銃

中國火藥發明以後，在東亞、東南亞、南亞等亞洲國家廣泛傳播，其中包括朝鮮、日本、印度、南洋、越南、緬甸、柬埔寨、泰國、菲律賓等。

火藥作為中華傳統科學技術的優秀成果之一，之所以在亞洲得到廣泛傳播，表明它具有兼容匯通等特質，並將中華文化潛移默化地向外滲透流傳。

西元一三六八年明代王朝建立後，非常重視與朝鮮的關係。

西元一三九二年，高麗大將李成桂自立為王，改國號為朝鮮，與明代朝廷關係日益親密。

明代朝廷對朝鮮以儒家經典授之，以互市利之，以兵力震之，雙方一直保持友好關係。其中重要內容就是繼續大量供應朝鮮火藥和火器。

創始發明：四大發明與歷史價值

強大戰神 黑火藥

由於廣泛吸取中國的技術，使朝鮮成為僅次於中國的火藥、火器最發達的古代亞洲國家之一。

朝鮮沿海屢屢遭受日本海盜的侵略，明代朝廷則給予朝鮮大量的軍援，調撥大量的火藥和火器。僅西元一三七四年明代朝廷一次就向朝鮮調撥硝石二十五萬公斤、硫磺五萬公斤及各種火器，作為抗擊倭寇的準備。

西元一三八〇年，配備火器的朝鮮軍隊以羅世為海軍元帥，崔茂宜為副帥，與五百艘來犯的倭寇戰船展開激戰，一舉消滅敵人，取得大捷。

崔茂宜是朝鮮火藥、火器技術的奠基人。他曾經擔任軍器監判事，深知火器在戰爭中的作用，極力主張自行製造火器。

他曾邀請中國火器專家李元去朝鮮傳授火藥、火銃和火箭製造技術。

西元一三七七年崔茂宜奏設火桶都監，主製造火藥火器，造大將軍、二將軍、三將軍火炮及火銃、火箭、蒺藜炮等，皆模仿明代制式。並仿照明代軍隊中的神機營，成立掌管火器的特種部隊。

中國和日本隔海相望。明正統以後，東南沿海地區深受倭寇之害。當時日本國內南北朝期間，戰爭頻仍，北朝統一後，南朝失敗的政客、武士、浪人結成海盜，剽掠於日本、朝鮮和中國沿海。

長期以來，日本倭寇在侵擾中國和朝鮮沿海的時候，受到火器的痛擊而敗北，日本倭刀畢竟敵不過銃炮。從此以後，

日本想方設法透過朝鮮瞭解和掌握火藥技術，引起朝鮮政府的警惕，下令沿海各道嚴禁「將火藥祕術教習倭人」。

明代朝廷也實行了嚴厲的海禁政策，這種技術上的封鎖在一段時間裡取得成效。

隨中國與日本貿易的恢復和發展，雙方物資交流增加，日本出口貨物中以硫磺和銅為大宗商品，西元一四〇三年一次就卸下硫磺五千公斤，無疑，這些「倭硫磺」成為中國製造火藥的原料。

由於中國海盜與日本倭寇勾結在一起，使得日本有機會接觸到火藥、火器技術並進一步掌握，在這方面，海盜充當了重要角色。

自嘉靖年間開始，倭寇大舉入寇，連艘數百，蔽海而來。如徽州海盜首領汪直，曾在廣東沿海造巨船，運載硝磺、絲綿等違禁物抵日本、南洋各國，往來互市，積累致富。

根據日本南浦玄昌在《南浦文集》中的《鐵炮記》記載，西元一五四三年，有艘裝載百餘人的船隻在日本登陸，船上有配備火器的中國徽州海盜首領汪直和葡萄牙人，日本人將火器購買並向船上人學會了火藥、火器之法。日本史家稱此為「日本鐵炮之始」。

從西元一五四三年起，火藥和火器便在日本發展起來。而日本的煙火也是在十七世紀的初期由中國傳入，技術和設備均與中國相同。

　　火藥在南亞的傳播，基本上是沿著蒙古大軍征討的路線而在十三世紀至十四世紀傳播的。蒙古伊利汗國在陸路與印度接壤，中國的火藥就是在這一階段傳入印度的。

　　印度境內最初出現火藥，是在成吉思汗的第一次西征，因為花剌子模殺害了蒙古使節和商隊人員。

　　西元一二一八年至一二二三年，成吉思汗率領大軍進行了蒙古汗國的第一次西征，使用了漢族和西遼先進的軍事技術和裝備，採用弩砲、火箭和飛火槍等威力強大的攻城武器，發動了滅亡花剌子模，討伐欽察和斡羅思和征服康裡的戰爭。

　　花剌子模滅亡後，蒙古軍隊乘勝抵達印度河。在這次戰爭中，印度軍民第一次領略了火藥的威力。

　　這一時期，中國與印度來往密切，當時從印度進口的主要商品是珠寶、棉布、香料、藥材和皮貨等，而出口的貨物主要有金屬和金屬製品、瓷器、紡織品、漆器、茶葉、日用百貨和硝石等。這樣，火藥傳入印度後再傳入巴基斯坦等南亞國家。

　　位於印度南部的印度教國家維查耶納加爾，明代初期與中國關係密切，鄭和出使西洋時，多次在此登陸，並有政治和貿易往來。

　　西元一四四三年波斯使者到達維查耶納加爾時寫道：「不能不詳述所有各種煙火、爆竹以及各種娛樂表演。」「各種煙火或在維查耶納加爾製造，或從外國進口。總之，在西元一四四三年已經使用，可能還在更早的時候就用於節日娛樂。」

十六世紀以後，印度出現了軍用火箭。十八世紀的印度軍用火箭給英法侵略軍很大的打擊。在發展火箭的同時，印度軍隊也發展了諸如銃炮等其他火器。

東南亞地區指亞洲東南部地區。在中國歷史地理書中統稱「南洋」，意指位於中國南方的大洋之中。在中國古籍中又稱為「南海」。

蒙古軍隊在對越南和緬甸等國發動軍事行動的過程中，將火藥、火器的技術傳入這些地區。火藥技術也就是在這一階段傳入越南的。越南正當時被稱為「安南」。

安南陳朝的創建者本是中國福建的長樂人，移居安南以漁為業，後創立陳朝。故安南貴族多漢姓如陳、丁、李、黎等，安南知識分子也多通漢字，成為中華文化圈的組成部分。陳朝的後期，安南已經學會製造火藥和火器。

明代建立，安南遣使朝貢，西元一三六九年封陳氏為安南國王。後來在征討安南的戰爭中，明代派遣朱能、沐晟、張輔為征南將軍，率領八十萬大軍，攜帶火銃神機箭，以對付當地的象陣。

這種神機箭為金屬筒，筒內裝置發射火藥，將箭或鉛彈激發出去，其構造類似火槍。這是明代初期研製的火器，大規模使用在安南戰場。

中南半島上的柬埔寨古代時稱「扶南」、「真臘」，明代時始稱柬埔寨。中國與柬埔寨在元代時的海上交通十分活躍，使者、商人和遊客往來不絕，留下許多記載，其中《真

臘風土記》是最重要的一種，書中有真臘京城吳哥宮中觀看煙火的記載，這裡在新年點放煙火爆竹的習慣與中國一樣。

據記載，為製造火藥，柬埔寨還從中國進口硝石和硫磺，「其地向不出金銀，以唐人金銀為第一。五色輕縑帛次之，其次如真州之錫蠟、溫州之漆盤、泉州之青瓷器，及水銀、硫磺、硝石……」

這說明十三世紀時中國的硝石和硫磺作為重要的出口物質而遠銷外國。

東南亞地區中國火藥和火器的傳入，主要是透過中國古代的海外移民以不同途徑傳播的。

元代和明代時稱泰國為「暹羅」，是中國與印度和阿拉伯進行海上貿易的必經之地。泰國由於華僑眾多，在每年的除夕和新年有燃放煙火和爆竹的習慣，曼谷的皇宮每年除夕也燃放爆竹，以驅邪迎新。

泰國在速可臺王朝時每年五月都在王宮前燃放煙花和爆竹，說明泰國從十三世紀以後也掌握了火藥技術，無疑這些技術來自中國。

在泰國北部靠近老撾的地區，每年除新年燃放煙火外，還在春秋之交的火把節時點放火箭，人們載歌載舞，以期望稻米豐收。

而同老撾接壤的中國雲南境內的少數民族，也有同樣的風俗，這說明了火藥技術從中國西南通向泰國的陸路傳播的路線。

明清時期，海外華人中不乏海盜之輩，在未開發的地區、在自然環境極為惡劣的地區進行貿易，商隊的武裝也是必要的。部分海盜集團在海外的活動，客觀上帶有將先進的火藥火器傳播於海外的內容。

潮州海盜首領林道乾，嘉靖年間在閩粵兩省海面從事海上走私，然後到臺灣、越南等地貿易，活動足跡幾乎遍及東南亞。

後為明代軍隊所打擊，在大陸無法立足，輾轉於臺灣和東南亞各地。

林道乾最後在泰國定居，建道乾港，繼續擴展海外貿易。至今泰國尚有許多林道乾的傳說，其中重點是幫助當地政府掌握火炮的鑄造技術。

泰國在西元一五九三年的柬埔寨戰爭時，雙方都使用了火箭。緬甸與雲南接壤，其火藥技術是從中國傳入的，並在十九世紀抵抗英國侵略軍的戰爭中使用了火器。

菲律賓是南洋群島中距離中國最近的國家，北隔巴士海峽與臺灣省相望，距離僅六十海里，帆船往來福建和呂宋，遇季風期三日就可到達，因此成為中國海外華僑華人移居或活動的便利地區，自然也成為中國海上武裝力量優先考慮的地方。

西元一五七四年，潮州海盜首領林鳳，為福建總兵胡守仁擊敗，退至臺灣澎湖。雖然林鳳的行動最後失敗，但是林鳳軍中攜帶大量的火藥火器，對火藥火器的傳播會造成一定作用的。

創始發明：四大發明與歷史價值
強大戰神 黑火藥

中國與印度尼西亞之間的交往歷史悠久，宋代史中的「訶婆」就是印度尼西亞的爪哇，南宋滅亡前後有許多宋代的遺民渡海來到印度尼西亞，將先進的生產和科學技術傳入，對印度尼西亞的社會發展作出了貢獻。

從南宋以後，定居在印度尼西亞的華人華僑就將中國在新年燃放煙花爆竹的風俗帶到那裡，西元一四四三年時印度尼西亞的蘇門答臘島的煙花已經處於興盛階段。

十七世紀法國旅行家塔弗尼耶西元一六七六年著有《印度遊記》，談到爪哇燃放煙花，並且記載：「有五六名船長圍坐在屋內，觀看一些中國人帶來的煙花，有手雷、引線和其他能在水面上跑的東西。中國人在這方面超過世界上一切民族。」

元代的初期，因為印度尼西亞爪哇當局將元代的使節孟琪處以鯨面之刑，西元一二九二年忽必烈派遣船千艘、軍隊兩萬人征討爪哇，占領爪哇一年之久，因此，在十三世紀時中國的火藥和火器技術已經傳入當地。

明代初期的鄭和七下西洋，每一次都要經過印度尼西亞並且登陸進行經濟政治活動，進一步促進了中國科技文化包括火藥在內的傳播。

閱讀連結

古代火藥製造技術最關鍵的步驟，在於從土中提煉硝石，即焰硝煮取術。朝鮮從中國引入煮硝方法後，焰硝提取術主要經歷了四次技術上的變革。

前兩次在技術上的具體改進方式由現有的文獻無法得知，後兩次變革主要是透過多次重結晶、吸附法或者加入與鹼土中的鈣鹽鎂鹽形成沉澱的物質等方法除去雜質，進而來提高硝酸鉀的純度和產量，由此必然會帶來火藥爆炸性能的提高。這些變革是在煮硝技術上進行的，可見中國古代科技的影響之大。

▌火藥傳向歐洲國家

■蒙古武士把火藥帶向歐洲

　　中國發明的火藥向歐洲的傳播，主要是透過戰爭實現的。蒙古人在漫長的西征路上，將火藥傳到了西歐。

　　火藥有其轟轟烈烈的面目。蒙古大軍在西征路上，用火藥演示了一幅幅光與熱交織的文明變遷圖。

創始發明：四大發明與歷史價值

強大戰神 黑火藥

　　火藥的發明大大地推進了歷史發展的進程，是歐洲文藝復興的重要支柱之一。

　　蒙古軍隊在西征歐洲的時候，勢如破竹。在波蘭格尼茲戰鬥時，波蘭士兵說：「蒙古兵用了一種妖術，大旗一揮，出現一些怪物，滾地如球，口吐煙霧。那煙霧臭惡無比，將波蘭士兵熏倒在地。煙霧過後，蒙古兵就衝殺過來。」

　　這所謂的「怪物」，顯然是毒煙球。波蘭士兵說是「妖術」，是由於他們還不知道火藥為何物，也從未見過火器罷了。

　　當時，蒙古兵是單騎作戰，馳騁自如，飄忽如風，近取馬刀砍殺，遠則利箭射取。而歐洲人卻是馬車作戰，幾匹馬拖一輛車，奔跑累贅，轉動笨拙。

　　戰車一遇上反應速度極快的蒙古騎兵，就不堪一擊，四處潰敗。幾次交戰之後，歐洲人聞風喪膽，唯恐逃避之不及。

　　那時的歐洲處於歷史上的一個黑暗時期，即歐洲中世紀時期。這裡旱災嚴重，疫病猖獗，戰爭頻繁，政治腐敗，經濟衰敗，生活悲慘，人心閉塞，文化落後，它比阿拉伯地區和中國落後得多。

　　這時的蒙古帝國憑藉武力，在中亞、西亞和俄羅斯建立了一些汗國。各個汗國設有完善的驛站，並且盡力保護商道。

　　於是，一千多年來時斷時續的東西海陸交通，這時就暢通無阻了。中國的羅盤、火藥、印刷術、造紙術等輾轉傳入歐洲。

中國的造紙術傳入歐洲，造成了歐洲造紙業的興起。造紙業和印刷術的興起和傳入，推動了出版業的發展。出版業的發展，又促進了翻譯工作的昌盛。

　　歐洲人翻譯了大量的阿拉伯文書籍，其中有關於火藥的。這時候，他們才知道火藥這個力大無比的神奇的東西。

　　英國人羅哲爾·培根在他的書中提到火藥時說：「有一種拇指般大小的東西，由於硝的爆炸，會發出可怕的聲音。這個用羊皮紙包裹的小東西，聲音比疾雷還響，火光比閃電還強，威力巨大。」

　　那時的歐洲人同羅哲爾·培根一樣，還只是把火藥當作神奇的東西談論，但還不知道怎樣製造火藥。

　　事實上，早在成吉思汗西征時，打到了中亞細亞，然後經過波斯到了伊拉克。在阿姆河之戰中，蒙古軍隊就已經使用過毒氣煙球、火箭、火炮等火器，取得了阿姆河大捷。

　　至西元一二三四年蒙古在滅金之時，就將在開封等地虜獲的工匠、作坊和火器全部掠走，還把金軍中的火藥工匠和火器手編入了蒙古軍隊。次年蒙古大軍發動第二次西征時，就把這些人編入蒙軍的火器部隊隨軍遠征。

　　經過火藥武器的裝備，蒙古軍隊的戰鬥力更加強大。西元一二四一年四月九日，蒙古大軍與三萬波蘭人和日耳曼人的聯軍在東歐華爾斯塔德大平原上展開了激戰。

　　根據波蘭歷史學家德魯果斯《波蘭史》一書的記述，蒙古大軍在這場會戰中使用了威力強大的火器。

創始發明：四大發明與歷史價值

強大戰神 黑火藥

　　波蘭火藥史學家蓋斯勒躲在戰場附近的一座修道院內，偷偷描繪了蒙古士兵使用的火箭樣式。根據蓋斯勒的描繪，蒙古人從一種木筒中成束地發射火箭。因為在木筒上繪有龍頭，因此被波蘭人稱作「中國噴火龍」。

　　蒙古軍隊在攻打伊拉克和敘利亞時，又使用了火器。當時的戰鬥形式，主要是人與兵械相鬥的近戰，其次是發箭、滾石、放水等遠戰。

　　不論在近戰中，還是在遠戰中，火器的殺傷力都很大。火器使阿拉伯人吃了大虧。他們對這些火器立即研究，不久，便掌握了製造火器的技術。

　　有些阿拉伯兵書記載了蒙古兵使用「鐵瓶」的情況。據說，這鐵瓶就是「震天雷」之類的火器。

　　又一種阿拉伯兵書說，當時阿拉伯人學會製造兩種火器，一種是「契丹火槍」，用於近戰；一種是「契丹火炮」，用於遠戰，在水戰中可以轟擊敵船。「契丹」是他們對中國的稱呼。他們還根據火銃的製法，創造了各種火器。

　　蒙古大軍席捲東歐大地，讓阿拉伯人也感受到了火藥的巨大威力。由於擔心會成為蒙古軍隊的下一個進攻目標，阿拉伯人迫切希望獲得火藥的情報，以提升阿拉伯軍隊的戰鬥力。

　　但阿拉伯人缺乏製造火藥最為關鍵的硝石的提煉技術。於是，善於航海的阿拉伯人透過與東南亞各國貿易，間接從中國進口了大量硝石。然而，蒙古人沒有給阿拉伯人足夠的時間利用這些硝石。

西元一二五八年二月十五日，在唐代名將郭子儀後裔郭侃所率領的手持火器蒙古大軍進攻下，阿巴斯王朝的都城巴格達終於陷落。

蒙古人滅亡阿拉伯帝國後，建立起了伊利汗國。這裡迅速成為了火藥等中國科學技術知識向西方傳播的重要樞紐。而配備火藥武器的蒙古軍隊在歐洲的長期駐紮，給歐洲人偷窺火藥技術提供了機會。

由於阿拉伯人早就學會了火藥、火器的製造，所以歐洲人在許許多多的戰鬥中，都吃盡了苦頭。如在西元一三二五年，阿拉伯國家攻打西班牙，用拋石機發射火球，巨響如雷，烈焰沖天，燒燬房舍，殺傷人畜。

苦頭教訓了歐洲人，激發了他們研究火藥、火器製造的願望：西元一三二六年，英國人製造了鐵火瓶；西元一三四五年，法國人製造了鐵炮；西元一三五七年，英國製造了名叫「提拉爾的火器」等。

歐洲人製造這些管形火器，從結構和材料上來看，都不如中國的管形火器先進。因為，中國的管形火器是銅鑄的，使用比較方便，效果也比較好。

歐洲學會了火器製造方法之後，積極發展火器製造。在近代科學興起後，他們的兵器製造很快就走到了世界的前列，這才有了機關槍、迫擊炮，甚至火箭、導彈之類的武器。

恩格斯曾說：「現在已毫無疑義地證實了，火藥從中國經過印度傳給阿拉伯人，又由阿拉伯人和火藥武器一道，經過西班牙輾轉傳入歐洲的。」

創始發明：四大發明與歷史價值

強大戰神 黑火藥

　　恩格斯對中國火藥的發明，在人類歷史，特別是在西方現代文明歷史進程中的巨大作用，都給予充分的肯定，這不能不說是中華民族的光榮和驕傲。

　　中國火藥傳入歐洲以後，廣泛應用在各個行業，不但軍隊用各種火器裝備進行戰爭，而且用於建設事業，開礦築路開鑿隧道都使用大量火藥，在娛樂喜慶中也使用大量煙花爆竹。因此中國火藥的產量逐年增加。

　　由於火藥中炭粉占主要成分，顏色呈黑色，因此，中國火藥又稱「黑色火藥」。

　　「黑色火藥」有一個致命的弱點，就是「脾氣」暴躁，點火就著，隨時都有爆炸著火的危險。在生產、運輸、保存、使用過程中，經常發生突然爆炸傷人毀物的事故。

　　至一八六〇年代，瑞典科學家諾貝爾，在中國火藥的基礎上，冒著極大危險，發明了安全炸藥。安全炸藥是必須用雷管引爆才能發生爆炸，使炸藥成為馴服的東西。

閱讀連結

　　火藥和火藥武器傳入歐洲，不僅對作戰方法本身，而且對統治和奴役的政治關係起了變革的作用。以前一直攻不破的貴族城堡的石牆抵不住市民的大砲，市民的子彈射穿了騎士的盔甲。貴族的統治跟身穿鎧甲的貴族騎兵同歸於盡了。

　　隨著資本主義的發展，新的精銳的火炮在歐洲的工廠中製造出來，裝備著威力強大的艦隊，揚帆出航，去征服新的殖民地。由此可見中國火藥和火藥武器對歐洲的影響。

國家圖書館出版品預行編目（CIP）資料

創始發明：四大發明與歷史價值 / 鐘雙德 編著 . -- 第一版 .
-- 臺北市：崧燁文化 , 2020.04
　　面 ；　公分
POD 版

ISBN 978-986-516-135-4(平裝)

1. 科學技術 2. 歷史 3. 中國

309.2　　　　　　　　　　　　108018642

書　　名：創始發明：四大發明與歷史價值
作　　者：鐘雙德 編著
發 行 人：黃振庭
出 版 者：崧燁文化事業有限公司
發 行 者：崧燁文化事業有限公司
E - m a i l：sonbookservice@gmail.com
粉 絲 頁：　　　　　網 址：
地　　址：台北市中正區重慶南路一段六十一號八樓 815 室
8F.-815, No.61, Sec. 1, Chongqing S. Rd., Zhongzheng
Dist., Taipei City 100, Taiwan (R.O.C.)
電　　話：(02)2370-3310 傳　真：(02) 2388-1990
總 經 銷：紅螞蟻圖書有限公司
地　　址：台北市內湖區舊宗路二段 121 巷 19 號
電　　話:02-2795-3656 傳真:02-2795-4100　　　網址：
印　　刷：京峯彩色印刷有限公司（京峰數位）

　　本書版權為千華駐科技出版有限公司所有授權崧博出版事業有限公司獨家發行

　　電子書及繁體書繁體字版。若有其他相關權利及授權需求請與本公司聯繫。

定　　價：250 元
發行日期：2020 年 04 月第一版
◎ 本書以 POD 印製發行